支持推测并行化的多核事务存储体系结构研究

王耀彬　编著

科学出版社

北　京

内 容 简 介

随着多核平台的普及，如何利用多核加速串行应用的执行已成为当前的热点研究问题。利用事务存储技术解决并行程序正确性维护给并行编程带来的复杂性和对性能的制约问题，已成为学术界和工业界的共识。本书集中反映了作者多年来在多核处理器体系结构研究方面的最新成果和数据，主要涉及线程级推测并行性的判定准则、研究方法和剖析机制；桌面应用、多媒体应用和高性能计算应用的推测并行性剖析；同时支持线程级推测和事务存储语义的多核事务存储处理器体系结构、编程环境、硬件模拟环境设计；在线剖析指导的推测多线程动态优化、分析模型等方面的研究内容。

本书可供从事计算机系统结构、并行程序设计环境与工具、高性能计算的科研人员、工程技术人员、管理人员参考，也可作为本科生和研究生的教学参考用书。

图书在版编目(CIP)数据

支持推测并行化的多核事务存储体系结构研究 / 王耀彬编著. —
北京：科学出版社，2014.10
　　ISBN 978-7-03-042225-5

Ⅰ.①支… Ⅱ.①王… Ⅲ.①串行处理-研究 Ⅳ.①TP302.1

中国版本图书馆 CIP 数据核字（2014）第 244663 号

责任编辑：杨　岭　孟　锐 / 责任校对：董素芹
责任印制：余少力 / 封面设计：墨创文化

科 学 出 版 社 出版
北京东黄城根北街16号
邮政编码：100717
http://www.sciencep.com

成都创新包装印刷厂印刷
科学出版社发行　各地新华书店经销
*
2014 年 11 月第 一 版　　开本：B5 (720×1000)
2014 年 11 月第一次印刷　　印张：11.75
字数：240 千字
定价：56.00 元

前　言

随着多核平台的普及，如何利用多核加速串行应用的执行已成为当前的热点研究问题。而传统的显式锁同步机制自身就有高复杂性、易错性和性能保守等天然缺陷，这从根本上限制了并行程序的可扩展性和编程效率，也限制了对多核资源的充分利用。为了开发更多的多核结构上可利用的线程级并行性，利用事务存储(Transactional Memory，TM)技术解决并行程序正确性维护给并行编程带来的复杂性和对性能的制约问题，已成为学术界和工业界的共识。

多核结构上的程序并行化方法必须允许程序员在两个相互竞争的目标：并行编程的生产力和并行程序的执行效率之间取得平衡。达到这个平衡关键取决于两个相互矛盾的编程抽象方法：①提高底层体系结构的抽象层次，避免要求程序员了解复杂的体系结构细节，从而提高程序员并行编程的生产力；②暴露更多的底层硬件细节给程序员和编译器，以便他们能根据应用的特征和结构设计的参数编程，获得更高的性能/功率比。目前在这两种编程方法的折中问题上还缺乏统一的意见。但是，也有一些基本认识达成了一致：①并行编程模型的发展应从过去的以硬件、应用和形式化方法为中心转变到以人为中心，应将编程模型设计成适合构造高效能的体系结构，易于实现程序的调试和维护的模型；②并行编程模型必须独立于处理器的个数，不限制计算任务的映射和自由调度；③并行编程模型应支持丰富的数据类型和数据大小；④并行编程模型应支持已经证明是有效的并行化和同步方式。

本书集中反映了作者多年来对多核事务存储体系结构研究的最新成果和数据，从有效开发应用中的线程级并行性入手，着眼于高效能、易编程和可兼容这三个目标，通过软硬件协同的优化方式对支持推测并行化的多核事务存储体系结构展开深入研究，使之既能提高多核芯片片上计算资源的有效利用率，又能有效降低并行编程难度，平滑移植传统应用软件。这些研究得到了国家自然科学基金(61202044，61303127)，国家"973"计划项目(2011CB302501)，国家"863"计划基金资助项目(2012AA010902，2012AA010303)，国家科技重大专项基金资助项目(2011ZX01028-001-002-3)和国家发改委项目(13zs0101)的资助，中国科学技术大学安虹教授进行了悉心指导，研究生梁博、刘圆、郭锐、李凌、赵旭剑等参加了部分研究工作并作出了积极贡献，在此一并致谢。

全书共分 15 章，主要由西南科技大学的王耀彬编著。参加编写的人员还有：刘志勤(第 2 章)，梁博(第 3 章和第 4 章)，梁竹(第 5 章)，喻琼(第 6

章），付婕（第7章），李凌（第12章），赵旭剑（第13章），刘涛（第14章），刘圆（第8章~第10章，第15章），郭锐（第11章）。王耀彬和唐苹苹完成了全书统稿和审校。

由于多核技术和产品发展迅猛，作者学识和经验有限，时间仓促，不足之处在所难免，敬请同行专家和读者的谅解和批评指正。

编著者
2013 年 12 月

目　　录

第 1 章　绪　　论

1.1　引言

1.1.1　研究意义

随着多核芯片(chip multi-processor，CMP)时代的到来，如何将传统上难以并行化的串行程序线程化执行以加速单个程序的执行，同时也为片上越来越多的计算核心提供更多的可并行执行的计算任务以提高片上资源的利用率，已成为学术界和工业界共同关注的热点研究问题。

提高硬件的应用性能和降低软件的编程复杂度一直是计算机体系结构领域的两难问题。与所有的新型体系结构的机器一样，多核芯片也有两个重要的问题需要解决：一是如何充分利用新结构的新优势有效提升传统结构上不能有效支持的应用的性能；二是如何做到软硬件兼容，即如何实现各种应用软件的平滑移植。

从提升性能的角度来看，一方面，多核芯片拥有更多的计算资源和更快的访问速度，通过在多个单核上并行执行程序，可以开发出串行代码中潜在的线程级并行性，使得在单核芯片时代性能提升已达极限的串行代码重新获得了加速的可能；另一方面，随着半导体工艺逼近纳米量级，出于对功耗、线延迟、设计和验证复杂性、电路不可靠性等方面的考虑，未来的片上单核设计会日趋简单，使得片上单核的性能将比传统意义上的单处理器性能有所下降，串行程序的性能将无法再由片上单核保证，只能通过多个片上单核并行执行的方式加速。

从软件兼容的角度来看，大量的传统应用都是串行程序，要想将当前应用广泛的成熟软件推倒重来几乎是不可能的，因此多核芯片必须要能加速传统的串行应用，实现各种应用软件的平滑移植。

再从工业界的发展进程来看，超微半导体公司(Advanced Micro Devices，AMD)于 2006 年率先发布了共享片上内存控制器的双核 Opteron 通用处理器，而行业巨头 Intel 也于 2006 年相继推出共享片上二级 Cache 的双核、4 核通用处理器。从 2007 年开始，多核芯片产品就层出不穷，包括 Intel 的 80 核处理器 Polaris、

AMD 的 4 核 Opteron、IBM 的 Power 6 和 Cell 以及 P. A. Semi 的 PA6T - l682M 等。但是由于 Polaris 处理器的核数并未得到充分利用，其用途也仅限于科研而未能实现市场化，Intel 公司在 2010 年年底之前推出采用 32nm 工艺的 32 核通用处理器 Gulftown，而且要重点解决如何充分利用多核计算资源和功耗、成本等问题。由此可以看出工业界对于如何充分利用多核资源也有着非常迫切的需求。

因此，利用多核加速串行程序的执行不仅具有重要的研究意义，而且具有很高的实际应用价值。

利用多核加速串行程序的最大难点在于如何将计算和访存依赖不规则的串行程序并行化，开发出在多核上可利用的线程级并行性。而要解决如何对串行程序线程化则需要考虑两方面的问题：一方面是线程划分机制，包括程序的哪些部分可以作为推测线程，推测线程在执行的哪个时刻应该被激发，哪个时刻应该结束；另一方面是线程的执行机制，在推测线程执行过程中，如何保存它产生的结果而不影响处理器间的共享状态，线程间如何同步和通信，以及推测线程如何验证、提交和回退等。

从软件方面，即线程划分时的并行性开发这个角度来看，共享存储的多核结构为利用应用中的线程级并行性加速串行程序的执行带来了巨大的机遇，但同时也向大多数程序员提出了将大量现有的串行程序线程化的难题。传统的线程划分方法为显式地制导线程级并行性的开发，如 OpenMP。这种方法完全依赖程序员，难度大且易出错，具有很大的局限性：用户制导只能开发出并行度有限、粒度较粗的线程级并行性，对于存在复杂的数据依赖关系的代码难以由人工实现细粒度的线程化。从编程效率来看，一方面，锁是不可组合的，不利于软件的模块化；另一方面，与程序顺序相关的错误难以发现和调试。从保障程序的正确性角度来看，锁机制的使用十分复杂，稍有不当就会造成优先级倒置甚至死锁等问题。

从硬件方面，即线程执行时的运行时性能这个角度来看，为了维护程序在运行时的存储一致性，各个线程之间必须采用显式同步的方法来保证多个线程并发执行时的程序语义正确。而基于锁实现的显式同步存在很多问题。从性能的角度来看，锁粒度的选择对性能影响很大。一方面，粗粒度锁可以同步大量的数据，但是粒度过大，会造成互不依赖的代码串行执行，降低程序执行的并发度，而在实际应用中，为了保证并发程序的正确性和设计的简单性，常常不得不保守地采用粗粒度锁；另一方面，细粒度锁由于执行频繁会带来大量额外的开销，也会损伤性能。

为了开发更多的多核上可利用的线程级并行性，解决并行程序正确性维护给并行编程带来的复杂性和对性能的制约问题，学术界从不同的角度分别提出了线程级推测(thread-level speculation，TLS)和事务存储(transactional memory，

TM)两种技术。TLS 旨在打破线程间依赖对线程并行执行的限制，增加程序并行执行的机会。当编译器或者程序员无法确定线程候选者间完备的依赖关系时，不需要采用保守的策略放弃并行或加入大量冗余的同步保护机制，可以无视可能存在的依赖直接并行化，串行语义的维护由运行时支持推测执行的硬件机制保证，从而具有最大程度地挖掘程序中的并行性的技术潜力。TM 旨在为显式的锁同步机制寻找替代方案，通过运行时系统提供的隐式同步机制，实现无锁的共享存储编程。由于不需要请求锁和解锁，所以这也是一种非阻塞的同步方式，既解决了锁机制中存在的死锁、优先级倒置等正确性问题，也解决了锁粒度可能对性能造成的影响。TM 由系统自动维护来自多个线程或执行单元的并发操作对共享存储结构状态修改时的语义一致性。TLS 和 TM 的共同点在于都能够降低并行编程的难度，增加线程并行执行的机会；在硬件方面也提出了类似的支持推测访问、数据缓存、冲突取消的要求。

为了将 TLS 和 TM 技术的研究推向实用，还需要改进以下技术层面上的不足。

在编程模型方面，为了减少算法或程序设计人员的负担，应将尽可能多的指示程序并行执行的程序结构由转换机制(如编译器和运行时系统)插入，而不应由程序员手工去做。这就意味着模型应该尽可能隐藏以下编程细节：①程序到并行线程的分解；②线程到处理器的映射；③线程间的同步。从而为用户提供一种简洁的描述程序并行的手段，使模型易于学习和理解，否则，多数的软件开发者就会不愿意使用它。TLS 和 TM 技术相结合能够很好地符合上述三个要求，但现有的研究工作大都是将 TLS 和 TM 技术分开进行的，很少将二者有机地结合起来考虑，达到上述目标。

在体系结构方面，需要研究能否提出统一的软硬件协同支持的实现方案，将传统的共享存储并行编程模型与支持 TLS 和 TM 的并行编程模型有机地结合起来。即需要研究如何用同一套硬件机制同时有效地实现对这两种技术的支持，并且能够满足大规模并行对可扩展性的需求。需要研究多阶段的并行编程、编译和优化策略。通过离线剖析和静态编译的方法，帮助程序员在并行编程的初始阶段只关注如何找到应用中固有的可利用的线程级并行性而不必关心硬件实现对性能的影响，从而提高并行编程的生产力；再通过在线剖析和动态编译的方法将与应用和底层硬件相关的性能特性在程序运行时动态地暴露给程序员和编译系统，动态实现线程优化分解和线程到处理器的映射，从而在并行编程的生产力和并行程序的执行效率之间取得合理的平衡。

综上所述，为了开发更多的多核结构上可利用的线程级并行性，利用 TM 技术来解决并行程序正确性维护给并行编程带来的复杂性和对性能的制约问题，已成为学术界和工业界的共识。TM 旨在为显式的锁同步机制寻找替代方案，通过运行时系统提供的隐式同步机制，实现无锁的共享存储编程。TM 由系统自动维护来自多个线程或执行单元的并发操作对共享存储结构状态修改时的语义一致性，降低了并行编程的难度，增加了线程并行执行的机会。而利用 TLS 技术寻找和定位程序中的可并行区域，将其作为线程划分的软件支持手段来配合 TM 技术这一技术方案也得到了越来越多的关注。

1.1.2 传统方法的局限性

沿用传统的线程级并行性开发方法主要有两条技术途径：程序员手工线程化和程序自动线程化。手工线程化主要依靠程序员人工识别出程序中较独立并且容易并行的区域，完成线程化相关工作；而自动线程化则主要依靠软件工具，如编译器、二进制翻译器等，对程序的特征进行自动分析并对其进行线程化。以上两种方法都有一定的局限性。

手工线程化方法通常采用共享存储的并行编程模型和语言，如 OpenMP，由程序员手工并行化，显式地制导线程级并行性的开发，使用锁和同步变量来实现线程间的同步。这种方法的优势在于程序员了解程序设计的思路，能够很好地把握在哪儿进行线程化工作可以更好地提升性能；但是对于怎么样进行线程化工作则存在先天的缺陷——习惯了串行编程控制流思维的程序员必须要跳出思维定式，转到以类数据流执行方式的多线程编程思维上来，精准地识别依赖并且进行准确的同步操作。这种方法难度大且易出错，具有很大的局限性：①并行度的开发问题，用户制导只能开发出并行度有限、粒度较粗的线程级并行性，对于存在复杂的数据依赖关系的代码难以由人工实现细粒度的线程化；②使用锁同步机制的问题，基于锁实现的显式同步存在很多问题，首先是正确性问题，锁机制使用复杂，稍有不当就可能会导致死锁、优先级倒置等问题；其次是性能问题，锁粒度的选择对性能影响很大，粗粒度锁可以同步大量的数据，但是粒度过大，会造成互不依赖的代码串行执行，降低并行度；而细粒度锁由于执行频繁而带来大量额外开销，也会损伤性能，而且放置细粒度锁使并行程序的设计与调试变得异常艰难。

总之，程序员在进行手工线程化工作时，由于线程之间存在数据依赖，为了维护程序并行执行时的正确性，需要加入同步来限定线程的执行顺序。在这个过程中要精准地识别依赖非常困难，而且锁同步机制的使用很容易出错，往往很难保证编写的并行程序的正确性；而要完成一个负载平衡、同步正确、通信开销合理、资源竞争较少的并行编程工作是极富挑战性的。因此手工线程化工作对于程序员，特别是缺乏并行编程经验的新手，是非常困难的。

自动线程化方法则通常依靠并行编译器自动地将串行程序线程化。这种方法的优势在于自动工具在进行烦琐的重复性工作时相对于人的方便有效性，但是其最大的缺陷就在于编译器没有人"聪明"，在依赖分析和程序变换方面存在很多问题：①依赖分析的准确性问题，在对代码进行依赖分析时，如遇到指针别名等复杂情况，编译器几乎不可能对需要"在哪儿"进行并行和同步得出准确的分析；②依赖分析的开销问题，在分析如含有多个数组引用的多层嵌套循环等复杂结构时，用当前所知最佳的 Omega 测试进行分析时，其开销在最坏情况下的时间复杂度会达到指数级（Pugh，1992），此等情况下的巨大开销是不能承受的；③代码变换的开销问题，即使依赖关系能够完全确定，按照依赖合理调整程序的执行顺序也非常困难。程序变换需要对代码进行重新划分，并在合适的位置插入同步。虽然代码变换的方式有限，但划分点和插入点的选择却非常多，而由各种选择组成的选择空间范围之大超乎想象。将此问题抽象成在一个可变换空间搜索最优解的问题，其时间复杂度和工作难度几乎是不可接受的。而以最少的通信和同步开销将串行代码划分成多个并行任务已被证明是一个 NP（non-deterministic polynomial）完全问题（Sarkar et al.，1986）。

上述约束，使得自动线程化的工作只能针对某一类特殊应用进行特定优化，才能取得明显的加速效果。而在面对大多数传统应用时，由于分析能力不足，自动线程化工作只能采取一些保守的同步手段保证正确性。但是由此带来的大量伪依赖会对线程执行时的并行性产生不必要的约束，大大损害后续并行的效果。由此可知并行编译器由于不了解程序设计的思路，仅凭代码分析得到的信息识别依赖和变换程序，在充分开发并行性这个问题上受到的限制比程序员更多。同时并行编译器还面临着在编译阶段缺乏输入数据信息等一系列问题，因此开发一个实用的自动线程化工具也是非常困难的。

总之，这种方法要求并行编译器必须仔细地处理线程间大量的模糊依赖关系，而为了保证正确性，分析能力不足的编译器只能采用相对保守的并行化和同步策略，从而极大地影响了程序的并行化效果。实践证明，除了少数科学计算程序，编译器自动线程化不适用于开发大量通用代码中的并行性。

1.2 推测并行技术简介

传统的线程级并行性开发方法不仅编程复杂易错，而且并行化效果不佳，因此在单核时代并行化只是少数高级程序员在高端领域需要考虑的问题，但随着多核平台的普及，对并行应用的需求与日俱增，串行程序和并行执行的矛盾越来越突出。为了解决并行程序正确性维护给并行编程带来的复杂性和对性能的制约问题，学术界分别从打破线程间依赖限制的角度和替代显式的锁同步机制的角度提出了两种线程级推测并行技术——TLS 技术和 TM 技术。如前面所述，这两种技术拥有很多共同点。加上 TM 技术具有自动维护共享存储空间一致性的特点，而 TLS 技术则可以较好地解决基于事务存储的线程划分问题。因此，两种技术从各自不同的发展轨迹自觉地统一到了将两者结合的技术方案上来：

利用 TM 技术解决线程执行时的一致性维护和性能制约等问题，而 TLS 技术则作为辅助手段，解决线程划分时的依赖限制等问题。

1.2.1　TLS 技术简介

TLS(也称为推测多线程，speculative multithreading)(Prabhu，2005；Martínez et al.，2002；Krishnan et al.，1999；Krishnan et al.，1998)技术使在多核上加速传统上难以手工或自动并行化的串行程序成为可能。它借鉴了超标量处理器挖掘指令级并行的思路，将推测执行、顺序提交这两个超标量的核心思想从指令这个粒度平移到线程这个更大的粒度上来。其基本思想是将串行程序划分成若干代码片段，在片上多个处理器核上推测地并行执行来提高性能。

这种方法的关键是放松了线程间的依赖关系对程序并行执行的限制，对于在编译时不能静态确定的模糊依赖关系，或者可能存在的少量部分依赖关系，先假定它们不存在，依据一定的线程划分策略从串行程序中选择一些适当的可以并发执行的区域(如循环结构或子程序结构)，放到多个不同的处理器核上推测地并行执行，充分挖掘程序的并行潜力。在这种程序执行模型中，只有一个线程是非推测执行的，其余都是推测执行的。只有非推测执行的线程才能修改体系结构状态和写回结果。当这个非推测执行的线程执行完毕时，逻辑意义上与之相邻的下一个线程变成新的非推测线程。TLS 技术需要由硬件保存推测执行线程的状态和运行结果，检测线程的推测执行是否出现误推测(miss-speculation)，即发生了写后读(read after write，RAW)相关。一旦出现误推测，就要取消相关推测线程执行的状态和结果，并重新执行。由于推测执行线程的取消和重新执行开销非常大，所以发生线程误推测的概率对系统整体性能将产生严重的影响。

TLS 技术的特性在于：①优势，放松串行代码并行化时的严格约束，增加了代码的并行机会；②相同点，线程划分的机制大多源于控制流图信息(循环、子程序或代码注释)；线程执行的机制基本基于两点，即缓存推测写结果、维护一致性；③区别，各种实现机制各不相同，采用软硬件机制的各种方案各有优劣。

从解放程序员和兼容二进制代码的角度来看，利用自动化工具采用软件手段可以较好地全局掌握代码的动态运行特征，专注于最大化代码并行机会，比较适合于线程划分阶段；而从线程执行检测的效率和当前硬件发展的趋势(片上晶体管数目不断增加)来看，将串行语义的维护交由硬件负责，采用一些可以自动维护一致性的技术来支持硬件实现，做到有效控制硬件开销，可以实现比较合理的线程执行检测机制。而通过合理的软硬件协同方案，让两者各司其职而有效结合，才能够最有效地挖掘程序的并行潜力。

当然，TLS 技术也不是万能的，目前也存在一些困难：①技术的适用面，TLS 技术最适用的是代码中存在不易识别的依赖关系的领域，这样可以采用乐观推测代码的形式增加并行机会；而在一些应用（如科学计算领域）中，代码是完全可并行的（在循环迭代间完全没有依赖，do-all loop），如果采用 TLS 技术，在引入了推测开销的情况下也只能达到传统并行方案的效果，这样做是得不偿失的；②应用中固有线程级并行性的限制，当前的很多研究表明，如 SPEC CPU2000 这种本质基本串行的应用，数据依赖非常严重，能够开发出的线程级并行性是有限的，采用 TLS 技术反而会因为过多依赖带来的过大无效硬件开销而影响机器的有效性能；③系统实现的开销，要支持 TLS 技术，必须考虑以下四方面的因素，即线程回退的开销、缓存和检测的开销、额外访存带宽的开销、额外指令的开销，虽然目前有些工作提出了一些有益的技术（Renau et al.，2005）来实现开销的有效化（energy - efficient），但这个问题也是必须深入研究的；④线程提取机制，虽然目前通过全局的控制流图信息大大丰富了线程的来源，但是由于长延迟访存指令序列在程序行为中的特殊性（Collins et al.，2001），仅通过控制流信息显得有些局限，如何更好地利用剖析技术从数据流图中实现线程预取也是需要进一步研究的。

1.2.2 TM 技术简介

事务的概念最早出现于数据库领域，用来维护对数据库并发访问的正确性。事务是一组访问数据库的指令集合，与其他指令集合不同的是，事务对数据库状态的修改满足 ACID 性质，即原子性（atomicity）、一致性（consistence）、独立性（isolation）和持久性（durability）。

TM 技术将数据库中的事务概念引入并行处理领域。事务存储模型中的事务不同于数据库中的事务，它指的是一个程序片段中包含的若干访存操作。但是，对于存储地址空间状态修改的效果，仍然符合数据库事务的性质。一个事务访问共享存储的效果应该是原子的，要么所有访存操作全部生效，要么全部不起作用。事务间是分离的，当多个事务并发运行时，每个事务都不应看到其他事务的中间状态，即对存储进行的未完成的修改。另外所有的事务对存储空间修改的最终效果，应该等价于按某个顺序串行执行这些事务的效果。最后，一旦一个事务提交，它对存储空间的修改应是持久的，不会因为它的结束而消失。

事务存储体系结构就是一种提供了实现事务性质的存储结构模型，它能够在运行时隐式地支持存储访问的一致性，从而消除对显式同步（锁）的需要。它的功能包括写操作结果缓存、冲突检测、事务取消和回退、事务提交等。事务的原子性决定了事务修改共享存储空间必须发生在事务提交时，在事务执行过程中不能进行修改共享存储空间的操作，因此所有的修改结果必须被缓存，也就是说要缓存对存储地址的写操作结果。同时还要进行数据依赖冲突检测，如果事务在执行过程中发现已经读到数据的地址被某个提交的事务修改，相当于它访问了事务的中间状态。作为未提交事务，它没有使用存储空间的最新稳定状态，这违反了串行语义的一致性。因此 TM 加入了侦听其他事务的提交动作和记录读访问地址的机制，以支持这种检测。如果检测到数据依赖冲突，那么就必须取消正在执行的事务，并回退到此事务的开始状态重新执行。当事务提交时，它用缓存的写操作结果更新共享存储空间，同时通知其他处理单元，以便让它们执行冲突检测。

TM 技术是作为锁的替换机制提出的，相对于锁，它具有以下几个优点：①降低并行编程难度，基于 TM 技术编写程序更容易，而且程序员也不会陷入锁和数据之间复杂的实现细节；②得到更好的并行效果，程序员不需要为锁实现的粒度而烦恼，事务之间是否会串行执行只依赖于它们是否访问了相同的数据，这就相当于自动给予了程序细粒度锁的优势；③没有死锁，事务能够在任何时间以任何理由取消，所以能够通过在程序执行时取消一个或多个相互"锁住"的事务，然后重启来避免死锁问题；④一致性维护，事务能够在提交之前的任一点被取消，所以在事务自身缓存的不一致数据会被自动丢弃；⑤避免优先级倒置问题，在不同的事务竞争相同的资源时，处于低优先级或者因执行长延迟操作而独占资源的事务能够被取消；⑥容错处理，假如一个线程在执行一个事务时因某种原因而出错，该事务能够自动取消来维护数据的一致性。

事务存储模型由系统自动维护来自多个线程或执行单元的并发操作对共享存储结构状态修改时的语义一致性，降低了并行编程的难度，增加了线程并行执行的机会。利用 TM 技术，程序员可以把精力重点放在开发应用中内在的并行性(即并行算法设计)上，而把保障并发任务执行的正确性交给事务存储系统实现，把程序员从复杂的显式同步问题中解放出来，从而提高并行程序设计的生产力，更有效地利用多核平台的资源优势。TM 能较好地平衡并行编程的难度与性能，获得细粒度锁所能提供的可扩展性，避免细粒度锁设计上的困难和实现上的开销。

1.2.3　两种技术的结合

通过前面的分析，可以看出实现线程级推测并行性的开发需要建立一种局部缓存机制，即推测线程对体系结构状态的修改应当只在本地处理器核上可见，直到它成为非推测线程。在指令级并行处理器中，这种局部缓存机制通过保留站实现，指令的输出在提交之前不更新结构寄存器，而是保存在分配给指令的保留站里。对于 TLS 技术，更大的问题是线程在执行过程中可能会访问主存，但不可能为存储地址空间建立像寄存器集合那样完全的缓存系统，因此只能实现部分缓存，通常只能使用 Cache 和专用缓存。可能的实现方式有很多，但是从硬件复杂度和软件开发难度两方面综合考虑，最适合的是基于 TM 的实现。

TM 利用推测来消除显式锁操作，实现事务并行执行，这与 TLS 技术有极大的相似之处。它们的共同点在于都能够降低并行编程的难度，增加线程并行执行的机会；在硬件方面也提出了类似的支持推测访问、数据缓存、冲突取消的要求。而两者的区别在于 TM 针对的是存储系统的一致性，只考虑访存操作的效果，而 TLS 要维护整个体系结构状态的一致性，可能还包括结构寄存器的状态集合；事务间的优先级是随意的，而推测线程间的优先级（原串行程序内的逻辑顺序）是确定的；另外事务要求的独立性，并不是 TLS 必需的，后者完全可以在线程提交前就传递数据给其他线程。

将 TM 技术和 TLS 技术结合起来主要有以下优点：①降低了并行编程的难度，增加线程并行执行的机会，在并行编程的生产力和并行程序的执行效率之间取得了一定的平衡；②通过同一套硬件机制来支持两者相似的支持推测访问、数据缓存、冲突取消的语义，满足易于硬件设计实现的要求；③提高了通信和同步的抽象层次，使程序员或者编译器可以集中力量解决程序划分的问题，而同步由存储系统自动维护；④较好地利用了缓存一致性协议实现机制，克服了显式锁同步机制带来的性能问题和正确性问题；⑤较好地利用了多核芯片的计算资源优势和片内通信带宽优势，为充分挖掘程序中潜在的线程级并行性提供了有力的保障。

因此本书的研究方案拟在线程划分中采用软件线程级推测技术思想，而在线程执行时采用硬件事务存储技术支持，并通过离线剖析和在线剖析技术协同各种软硬件因素，达到提高程序性能和降低并行编程难度的双重目标。

第 2 章　相关研究工作

近年来，国内外多所研究机构和商业组织对片上多核处理器结构进行了相关研究。本章将对两种线程级推测并行技术的发展趋势进行详尽分析，探讨 TLS 技术和 TM 技术各自的利弊，从而引出并论证本书提出的软硬件协同支持方案的可行性和合理性。同时还将详细介绍与本书工作联系较为紧密的三个代表性研究工作：Hydra、LogTM（log-based transactional memory）和 TCC（transactional memory coherency and consistency），并得出这些方案对本书工作的启发。

2.1　事务存储技术

事务存储系统可以用硬件、软件或者二者相结合来实现。已有的实现方案大部分都是有硬件支持的（纯硬件的或软硬件结合的），使用硬件提供事务的原子性保证、版本管理（version management）和冲突解决（conflict resolution），称为硬件事务存储模型；只有少数采用纯软件的实现方案，这一类称为软件事务存储模型。软件事务存储技术依赖编译器和运行时系统的支持，不需要特定硬件的支持，因此它可以很容易地实现对无界事务的支持，但是由于其在事务状态跟踪、冲突解决、事务强独立性保证方面的缺点，所以它具有较高的开销。不过它们都基于相同的思路：推测访问、数据缓存、冲突取消。下面同样通过对其技术发展趋势分析来进一步理解 TM 技术。

2.1.1　软件事务存储方案

软件事务存储（software transactional memory，STM）是一种软件实现的非阻塞同步结构，它不需要硬件的支持，也避免了对事务大小的限制。由于硬件实现事务存储策略具有较多的优势，而 STM 带来了太大的开销，所以 STM 一直处于一个从属的地位，下面以传统的 STM 和现在的 Hybrid TM、McRT-STM 为例介绍软件策略遇到的困难及其可能的发展方向。

最早的 STM 设计是由 Shavit 和 Touitou（Shavit et al.，1995）提出的，利用 helping 技术进行冲突解决，但需要在执行前知道所有的输入和输出集，而且为了检测冲突要给内存的每个块增加一个指向当前这个块拥有独占权的事务，这将浪费很多的存储空间，从而限制了它的应用。Herlihy 提出了一种支持动态事务的模型，允许访存操作的地址在执行过程中变化和动态地确定，它把一个数据结构作为并发的对象，提供数据结构级的同步，提出了一种 obstruction-free 的同步结构，通过提供各种不同的冲突解决方案提高性能。Harris 和 Fraser 提出了另一种 STM 模型(Harris et al.，2003)，这是以内存的一个字作为并发对象的事务存储模型，通过使用哈希表记录对内存数据的访问来实现，它结合 STM 与面向对象的编程语言，是比较容易实现的一种 STM 结构。此外，剑桥大学的 Fraser 还提出了 FSTM(Fraser，2004)等。

早期的 STM 设计(Shavit et al.，1995)存在两个明显的缺陷：①为了确保对系统的顺序访问，必须预先知道所有会被事务使用的访存单元字，这就限制了在指令执行期间对内存单元字的访问进行决策的灵活性；②为了检测冲突，每个共享内存位置需要一个相关的所有权记录(要给内存的每个块增加一个指向当前对这个块拥有独占权的事务)，因此即使所有权记录可能只是一个字的长度，这个 STM 对内存的需求也会加倍，极大地浪费了存储空间。为了解决这些问题，Harris 提出了 Hash table STM(Harris et al.，2003)：一个基于字粒度(word-level)的 STM 方案，该方案最大的特点是通过使用哈希表来存储对 STM 的所有权记录，以解决前述的问题。

一般而言，在 STM 方案中，每个内存块都要附上一个权限位，表示它被哪个事务所有。当一个事务申请拥有其他事务的内存块时，就会发生冲突。所有事务的信息都存储在内存里。程序利用 LL/SC 同步指令实现对事务的访问。本质上讲，STM 是将硬件层次的复杂度转移到了编译器和操作系统层次。所有的事务读写操作都要通过调用系统库函数实现，事务的状态信息都由软件数据结构记录。这样，事务的开始、运行、检测冲突、回退都需要受软件控制，跟硬件实现相比，性能非常差，并且手工编程或者自动编译难度都很大。这些困难使当前的 STM 方案很难应用于实际设计。

随着更多的应用需要动态分配和使用内存，而基于字粒度的 STM 方案更适合于如多维数组访问等需要在一个较大粒度上并行存取的数据结构，因而 STM 的研究重点逐渐倾向于支持对象级(object-level)的同步支持。DSTM(Herlihy et al.，2003)和 FSTM(Fraser，2004)则是这一时期的研究代表。其中 DSTM 采用了无阻塞(obstruction-free)同步的方案支持对动态事务的并行存取；而 FSTM 则通过采用基于顺序的递归算法实现了无锁(lock-free)同步的方案。

STM 的工作重点主要集中在为 TM 技术提供函数库的支持上，如 SXM 在 C# 语言库中增加了对 TM 的语义支持；而 STM Haskell(Harris et al.，2005)则基于 Haskell 语言库，通过引入 Retry 和 orElse 语义实现了对 TM 技术中可组合性(compositionality，将一些较小的事务组合成一个较大的事务)功能的有效支持。

2.1.2　硬件事务存储方案

对于 TM 技术，一个关键的设计因素就是如何用较少的开销维护事务需要的 ACID 语义。硬件事务存储模型就成为了首选的实现方案。硬件事务存储(hardware transactional memory，HTM)系统依据所能支持的事务大小可以分为无限制的、有限制的或尽力而为(best effort)的。

最早提出的 HTM 设计方案(Herlihy et al.，1993)是有限制的，事务存储硬件将所有的访存操作的结果保存在一个固定大小的事务 Cache 中，使用基于写无效的 Cache 一致性协议进行数据依赖冲突检测。一个事务当且仅当适合该 Cache 的大小时才能完成提交。早期的 HTM 模型受限于硬件资源，没有提供对事务的虚拟化操作，即事务不支持缺页、上下文切换、进程迁移等操作。该方案主要针对需要互斥访问临界区的很短的一段代码区，它提供了两种 Cache：普通 Cache 保存普通的 load/store 操作，事务 Cache 保存事务执行过程中的 load/store 操作。在事务提交后，事务 Cache 中保存的所有写操作结果将写入共享存储，同时通知其他事务最新的修改。当一个事务发出读请求但该地址并不在本地事务 Cache 中时，它向总线发出读请求；如果其他处理器的事务 Cache 中包含了这份数据，那么拥有这份数据的处理器将发出一个 busy 总线信号，发起者事务接收到此信号后将把自己置为取消状态。这就是 HTM 的冲突检测机制。当事务取消时，将所有的事务 Cache 行置为无效；当事务提交时，将所有事务 Cache 行送入普通 Cache。作为第一个 HTM 方案，Herlihy 和 Moss 提出的事务存储模型只能说是一个理想的实现，存在很多的实际问题。首先，事务 Cache 的容量限制了任意大小事务的执行，当事务 Cache 访问溢出时需要取消事务的执行。其次，事务在执行过程中不能响应中断，因为执行中断可能会导致正在处理的事务在提交时被取消。

上述有限制的 HTM 方案要求程序员必须了解硬件提供的事务缓存的容量，程序的移植存在很大的问题。为了解决这个问题，近年来有许多工作提出了无限制的 HTM 设计方案，代表性的工作有 TCC(Hammond et al.，2004)、UTM (Unbounded TM)(Ananian et al.，2005)、VTM(Virtualized TM)(Rajwar et al.，2005)和 LogTM(Moore et al.，2006)。它们的基本思想都是试图为用户提供一个抽象一致的硬件平台，使程序员在编写程序的时候不必关心底层硬件的实现。此外，最新的硬件无界事务存储模型还包括 LogTM-SE(Yen et al.，2007)、Log-TM-VSE(Swift et al.，2008)、OneTM(Blundell et al.，2007)、PTM(Chuang et al.，2006)、FlexTM(Shriraman et al.，2008)、TokenTM(Bobba et al.，2008)、FasTM(Lupon et al.，2009)等。其中，LogTM-SE 是威斯康星大学提出的模型，它是对 LogTM 模型的扩展，它采用一种新型的事务状态保存机制 signature 保存事务的推测状态，只提供了相应的硬件扩展，但是并没有实现。威斯康星大学随后提出的 LogTM-VSE 模型再推进了一步，实现了一个完整形式的硬件无界事务存储，包括相应的软硬件支持。OneTM 模型在保证小事务(有界事务)快速执行的同时，可以允许一个大事务(无界事务)执行。FlexTM 模型将事务的冲突解决进行了软硬件分离，它同时采用激进的和懒惰的冲突检测方式，并且可以容忍部分事务冲突。TokenTM 模型为每一个内存块都附加了一个事务 token，依赖 token 进行版本和冲突解决，并且扩展了内存的状态位，实现了小事务的快速执行。由于事务存储中版本管理机制不同，所以决定了其事务的提交速度与回退速度的差异，FasTM 在保证事务提交速度的基础上，通过一致性协议的扩展，实现了失效的小事务的快速回退。以上这些模型在数据版本管理、冲突检测与冲突解决等特性上各不相同，因而有着不同的性能特征。Bobba 系统地研究了 TM 的设计选择，并分析了不同设计策略导致的性能问题。但到目前为止，这些方案实现起来都比较复杂，因此近期很难用到商用处理器的设计中。

对上述有限制和无限制方案的一种折中的改进是如文献(Tremblay et al.，2003)中提出的"尽力而为"的设计方案，其基本思想是借助现有的 Cache，同时也使用其他硬件，如存储缓存(store buffers)来提交一个大事务。但是，这种改进方案也不能彻底解决问题，它仍然不能保证所有大小的事务都能被提交，只是相对比较容易实现，对于一些比较难处理的情况仍然要通过取消事务来解决。并且直接采用这种折中的设计方案仍然要求程序员了解硬件实现的细节，例如，事务访问的 Cache 行数和分布情况等。

为此，更进一步的改进方案 Hybrid TM(Damron et al.，2006)基于大多数事务的大小是有限的这样的认识，提出了软硬件结合的事务存储实现方案，用硬件支持较小的事务，而用软件对大事务提供支持。由于硬件只需要支持较小的事务，可以采用上述"尽力而为"方案来简化硬件设计，较好地平衡了硬件复杂度与系统性能的设计折中。此类工作还包括 PhTM(Lev et al.，2007)、SplitTM(Lev et al.，2008)等。其中 PhTM 根据软件的不同需要，可以在不同的 TM 实现中切换；而 SplitTM 则通过软件将多个较小的硬件事务整合成一个较大的原子事务来突破硬件对事务大小的限制。类似地，Baugh 等通过采用细粒度的内存保护机制和"尽力而为"的硬件事务支持，解决了已有事务存储模型暴露出来的一些问题，如硬件事务与软件事务之间的冲突检测，事务与非事务之间的冲突等。

比较而言，"尽力而为"的 HTM 设计方案相对简单，有望近期在实际应用中取得成功。Sun 公司已经在其最新的处理器产品(开发代号为 Rock)中加入了"尽力而为"的 HTM 支持。

HTM 模型由于其较高的性能，而且在后续的方案中引入内存管理机制解决了缓存溢出限制事务大小的问题，得到了业界的广泛认同，事务存储已有的实现大部分都是硬件方式，只有少数使用软件方式。

Hybrid TM(Damron et al., 2006)在充分理解了 TM 技术后,将 STM 方案作为对 HTM 实现的补充。为大多数的小事务提供高效的硬件支持,而对于少量的大事务则通过软件手段解决,从而达到减轻系统内存管理开销又不影响事务处理性能的目的。由于软件方式具有较大的灵活性,目前,有许多研究,如 McRT-STM(Saha et al., 2006),在减轻软件存储的实现开销方面进行了有益尝试。

由此可知,通过软硬件结合的方式来实现也是 TM 技术以后发展的一个趋势;而目前这项技术和 TLS 技术结合的趋势越来越明显,使得在串行程序线程化过程中如何协调软硬件机制这个问题变得更加重要。

事务存储模型能够自动维护存储并发操作对共享存储结构状态修改时的语义一致性,而 HTM 技术也基本确立了它的主导地位。结合 2.1.1 节的分析,可以看出,在线程级并行开发方法中,采用 TLS 技术定位程序中的可并行区域,而把保障线程并行执行的正确性维护交给 TM 系统实现是一个比较合理的设计方案。

2.1.3　代表性方案 LogTM

1. LogTM 设计简介

LogTM(Moore et al., 2006)是威斯康星大学于 2006 年提出的一种基于日志的 HTM 系统,它同时采用积极的版本管理(将新值直接写入内存而缓存旧值)和积极的冲突检测策略(不等到事务提交,而在事务执行过程中就进行依赖冲突检测),提出了一个较为现实的支持大事务的技术方案。

该方案敏锐地观察到了由于事务存储语义中原子性和独立性的要求对事务存储实现方案的限制,导致当时大多数事务存储实现方案只支持懒惰的版本管理(将旧值直接写入内存而缓存新值)和懒惰的冲突检测(在事务完成提交时才进行依赖冲突检测)从而限制了对事务存储系统性能的提高:①大部分的事务执行是成功的,只有小部分发生冲突需要回退,但懒惰的版本管理机制优化的重点在于回退的速度而不是提交的速度,这不符合优化大概率事件的原则;②采用懒惰的冲突检测机制只有在事务提交的时候才能对依赖冲突进行检测,导致了性能的巨大浪费,而采用积极的冲突检测机制的 Large TM 和 Virtualized TM 都取得了很好的效果。

针对以上问题,LogTM 系统引入了日志(log)的概念,并将 log 保存在一个可高速缓存的虚拟存储空间中。它为每个线程在高速缓存的虚存中维护一个 log,采用 log 保存旧数据,将新数据直接写入内存,事务提交时只需清空 log,实现事务的快速提交;事务回退时,将 log 中的数据复制回原来的位置,进行回退,保证程序执行的正确性。

该工作的主要贡献为：①它采用积极的版本管理，实现了事务的快速提交（只需要清空旧数据）；②它扩展了 MOESl 目录协议，实现了积极的检测冲突机制，使得在替换块时的冲突检测更快；③LogTM 在低代价损失的情况下利用软件处理事务回退。

2. LogTM 线程划分与执行模型

LogTM 是一个典型的事务存储系统设计，每一个事务即一个线程，因此它的线程划分采用简单的程序员手工划分的方式实现，而线程执行时的一致性维护则通过修改后的 MOESl 目录协议实现。

如图 2-1 所示，LogTM 的线程划分主要根据程序员的经验与判断在源代码级进行：①线程来源为程序员判定适宜并行的循环结构；②划分方式为程序员手工对作为线程候选的循环迭代加入制导信息，将各个迭代体作为独立的线程。

```
for ( i = 0; i < 10000; + +i) {
    begin_transaction();
     new_total = total.count + 1;
     private_data [id].count + +;
     total.count = new_total;
    commit_transaction();
    think();
}
```

图 2-1　LogTM 程序员手工线程划分实例

LogTM 的线程执行主要依靠运行时库支持启动和冲突检测机制完成：①线程的启动，如果在程序执行过程中遇到 begin_transaction 标识函数，则调用对应的运行时库，将循环中的迭代初始化，作为独立的事务开始推测运行；②线程的执行与提交，由于 LogTM 采用积极的版本管理和积极的冲突检测，所以线程的生命周期是可以重叠的，这与 Hydra 等顺序提交的线程执行方案不同。因此接下来主要介绍该方案是如何通过修改后的 MOESI 目录协议来维护一致性的。

这套修改后的 MOESl 目录协议通过对目录的分析和消息转发机制完成线程间的依赖冲突检测。其步骤如下：①请求内存访问的线程向 Cache 目录发送一个一致性请求；②目录返回该请求，并且有可能将该请求发送到一个或多个别的线程中；③每一个响应线程检查自己的局部状态，观察是否发生冲突；④响应线程发送冲突应答（NACK）或非冲突应答（ACK）表明该请求的状态；⑤请求内存访问的线程进行冲突处理。

LogTM 的冲突解决机制只有在检测到可能发生死锁时才回退，否则继续等待重试解决依赖冲突，这样可以尽量保留更多的有效推测执行结果。图 2-2 演示了 LogTM 的冲突检测与解决策略。其中的 MOESI 状态包括已修改状态 Modified

（M）、持有状态 Owned(O)、独占状态(也称为排他状态) Exclusive(E)、共享状态 Shared(S) 和无效状态 Invalidate(I)。

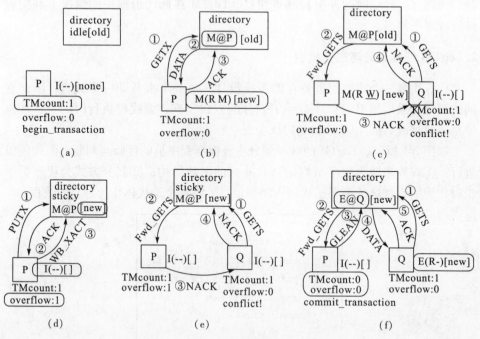

图 2-2　LogTM 的冲突检测与解决策略

图 2-2(a) 说明了线程的启动过程：线程 P 开始执行，线程计数器加 1；此时仅目录(directory)中存放的缓存块信息有效。

图 2-2(b) 说明了线程 P 向 directory 请求数据的过程：①P 在本地缓存中找不到某数据，发送独占请求 GETX 到 directory；②directory 收到该请求后，根据该数据的索引找到"旧"版本数据并返回给线程 P，当"旧"版本数据返回 P时，P 将此数据版本改为"新"，同时修改本地此数据块对应的读/写标志；③P完成数据接收后，发送 ACK 信号给 directory 表示请求已成功，同时 directory 中的状态变为 M@P(Modified by P)，表明线程 P 正在修改该数据。

图 2-2(c) 说明了线程冲突的检测处理过程：①线程 Q 发出共享请求信号GETS 给 directory；②directory 发现该数据状态为 M@P，于是将该请求转发给线程 P；③P 接收到请求后，检测到发生冲突(该数据块的写标志位已被置位，说明此数据正在被修改)，于是发送 NACK 信号给 Q，Q 接收到 NACK 信号后则开始冲突处理；④线程 Q 同时将 NACK 信号发送给 directory，表明此次请求失败。

图 2-2(d) 说明了线程溢出(overflow)的处理过程，线程 P 通知 directory 要将已修改的数据提交到内存(此时内存中仍然保存着该数据被修改前的"脏"版本)：①P 发出 PUTX 请求给 directory；②directory 同意后回发 ACK 信号给 P；

③P接收到 ACK 信号后使用 WB_XACT 将该数据写回内存，并将 overflow 位置 1，表明此数据已经不在本地缓存中；④写回操作完成后，内存中该数据版本已由"脏"变"干净"，directory 中该数据的状态也由"旧"变"新"，同时 P 中该数据块被置为无效，但是 directory 继续保持着 M@P 状态。

图 2-2(e)说明了溢出数据的线程冲突检测过程：①线程 Q 重新发出 GETS 信号给 directory；②由于 directory 仍为 M@P 状态，所以再次将该请求转发给线程 P；③而此时该数据块已被写回内存，P 检查到自身的 overflow 位为 1，于是发出 NACK 信号给 Q；④Q 收到 NACK 信号后则处理冲突，同时发送 NACK 信号给 directory，表明此次请求再次失败。

图 2-2(f)说明了 directory 中数据状态的懒惰(lazy)更新过程，线程 P 完成提交后将线程计数器减 1，并将对应缓存块的 overflow 位和读/写标志位置 0，但此时 directory 依旧是 M@P 状态：①线程 Q 重新发出 GETS 信号；②directory 再次将该请求转发给线程 P；③P 检测到 overflow 位为 0，于是发送清除信息 CLEAN 给 directory 通知它以后不必再转发该请求，应该自行响应 Q 的请求；④directory 根据索引找到该数据并发送给线程 Q；⑤Q 收到数据后进行处理，同时发送 ACK 信号给 directory，表明此次请求成功，同时将 directory 中该数据的状态改为 E@Q，表明 Q 此时独占该数据。

LogTM 还采用了经典的 Lamport 时戳为系统中运行的事务定序，以有效地检测死锁：①如果一个事务拒绝了来自更早的事务请求，则将死锁检测标志位置 1；②如果一个死锁检测标志位置 1 的事务收到某个来自更早的事务的拒绝消息，则判定死锁发生，然后回退。

由上可知，LogTM 方案的重点在于通过修改后的 MOESl 目录协议来维护线程执行时的缓存一致性，这套自动维护的机制可以有效提高线程的提交速度和线程间依赖冲突的检测速度，因此带来了该系统性能上的极大提升。

3. LogTM 体系结构

LogTM 是建立在共享存储多核芯片上基于日志实现的 TM 系统，每个单核都有两级私有缓存，它们通过 MOESI 目录协议来维持缓存一致性。它采用积极的版本管理和冲突检测机制。

图 2-3 说明了 LogTM 的硬件体系结构，它通过增加特殊寄存器，并在缓存中添加读/写标志位来完成对事务操作的支持。其中黑框中的部分是 LogTM 系统对原有系统的修改：directory 称为目录(或目录表)，即在内存中开辟的一块区域，用来记录共享数据索引和相关状态信息；R/W 是一级数据缓存和二级缓存的读/写标志位，通过对其置位来支持线程冲突检测等机制；overflow 是溢出标志位，用来标识本地缓存块的状态；TMcount 寄存器用来保存嵌套事务的级数；log base 寄存器用来保存日志基址；register checkpoint 寄存器用来保存检查点的

寄存器快照；log pointer 寄存器用来保存日志偏移指针；handler PC 寄存器用来保存回退处理函数入口，支持事务的回退机制；timestamp 寄存器用来保存时戳，为系统中运行的事务定序，支持事务间的死锁检测机制。

在一个事务被内核创建时，首先将 TMcount 寄存器加 1，把缓存块的读/写标志位置为 0，为新事务创建其对应的 log 并为 log 分配相应的虚拟存储区域。同时将该 log 基地址保存在 log base 寄存器中，当有旧数据需要写入 log 时，Log-TM 就通过 log base 寄存器中的值定位到 log 入口地址，然后将该数据和它的虚拟地址一起写入 log 中，供将来事务恢复的时候使用。

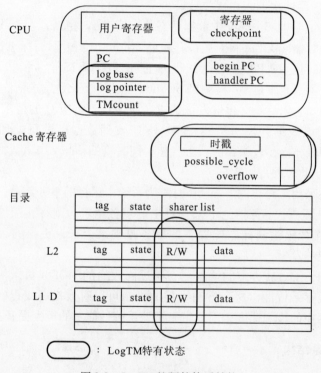

图 2-3　LogTM 的硬件体系结构

在一个事务的执行过程中，LogTM 会将对应缓存块的读/写标志位进行设置用来表示读/写操作的执行，同时通过一致性协议进行依赖冲突的检测。

在一个事务提交成功后，TMcount 寄存器减 1，LogTM 将对应缓存块的读/写标志位置为 0，并将 log pointer 指向 log 的入口地址，以便处理后续事务。

在一个事务执行回退操作时，TMcount 寄存器减 1，并将 log 中的原始数据按照地址映射关系重新加载到对应的缓存数据块中，同时将各个缓存块对应的读/写标志位置为 0，将 log pointer 重新指向 log 的入口地址。

2.2　线程级推测技术

在 TLS 技术的发展历程中，出现了各种各样的 TLS 技术方案，如从硬件平台来看有最初的紧耦合 TLS 方案（核间进行寄存器级通信）、结合同时多线程平台的 TLS 方案、针对存储延迟问题的共享存储 TLS 方案和 CMP 上的 TLS 方案；从推测机制来看有基于控制依赖的 TLS 方案、基于数据依赖的 TLS 方案和基于数据推测的 TLS 方案（Kejariwal et al.，2006）等。然而通过各种方案中支持 TLS 技术的不同实现策略，可以将其分为硬件式线程级推测技术、软件式线程级推测技术和软硬结合的线程级推测技术，下面将结合对这些技术的介绍与分析进一步理解 TLS 技术。

2.2.1　软件线程级推测方案

在 TLS 技术的发展过程中，还出现了另一条与硬件式线程级推测截然不同的技术路线：完全依赖软件支持的软件式线程级推测技术。究其原因，也是源于兼容性，但却是为了兼容硬件，即为了不改变硬件平台，不增加硬件的设计复杂度，通过灵活的软件机制实现硬件平台的通用性。

由于采用全软件的方式支持线程的划分与执行机制，与采用硬件支持线程执行机制的方案相比，带来了更高的开销（overhead），并且传统的实现方案存在静态分析依赖关系时的局限性，所以传统的软件式线程级推测技术也遇到了极大的挑战。这种方案的鼻祖是 LRPD（Rauchwerger et al.，1995）测试，它的支持机制分为两个阶段（phase）：标记阶段和检测阶段。前者负责将循环中对共享数组的访问记录在一组影像数组（shadow array）中，后者则负责检测两个循环迭代间的依赖冲突；而 Kazi 和 Lilja 则采用了另一种机制，即使用动态重命名和同步控制流依赖实现对推测的支持；其后 Chang（Chang et al.，1999）又通过使用编译器插入检测代码的方法帮助编译器识别不明确的依赖关系；Cintra 和 Llanos（Cintra et al.，2003）又提出了使用软件式的滑动窗口和专用数据结构来支持 TLS 等。总体看来，传统的完全基于软件的方案基本都需要采用一个具有类似日志功能的数据结构和一定的协议机制来完成线程间的依赖冲突检测和回退时的信息保存等功能，这些方案都存在：①静态分析的局限性（或者不精确的估算机制，对于长延迟访存指令、指针等不能有效分析）；②程序级软件支持的线程检测机制复杂、开销太大等问题。而正是这两方面问题，将软件支持线程级推测工作推向了一个新的高度。

由于编译在全局控制流图信息获取上的优势，在线程划分的过程中有了较硬件划分更全面的视角，从这个意义上讲，只要编译器解决了静态分析局限性的问题，软件策略在线程划分上的优势就非常明显了。在这样一种强大的驱动力下，随着剖析技术（profiling）的引入，这种传统的方案耳目一新。程序剖析（Gupta et al.，2002；Fisher et al.，1992）是一种通过记录程序过去的执行来搜集信息，从而分析得到程序运行时特征的方法。它提供的信息能够指导编译器或者程序员执行那些带有预见性的优化。引入剖析技术解决了编译器静态分析局限性后，软件方案的线程级推测技术出现了很多新的变化（着眼点也更多地集中到在软硬结合的线程级推测方案中如何对程序实现更优的线程划分这个问题上），其具有代表性的最新工作进展是微软的 BOP（Behavior-oriented Parallelization）（Ding et al.，2007）方案。BOP 是一种可编程的软件推测系统方案，利用剖析技术（一次离线剖析确定程序的高层结构和一次依赖剖析选定合适的推测区域）实现对线程的合理划分，同时在系统中通过采用可编程的推测机制、关键路径最小化和基于值的正确性检查技术实现线程执行时地址空间保护开销的有效利用（cost-effective）。该方案利用精细的剖析技术实现了线程的合理划分，但引入了更多的资源开销（CPU、访存和 I/O），并且存在在并行区域不能支持某些系统调用等问题。

　　针对程序级软件支持的线程检测机制复杂等问题，基于 Java 语言的 safe future（Welc et al.，2005）给出了一个系统级的解决方案。safe future 是基于 Java 强大的运行时系统的，它使用虚拟机的读/写栅栏（read/write barriers）监控数据访问，用对象复制技术减少伪依赖，采用字节码重写保存程序的状态。这种系统级的支持，简化了传统程序级软件支持线程检测中的一些复杂问题；但该方案同时也存在过多的系统开销和只能针对 Java 等类型安全语言的不足之处。

　　从软件式线程级推测技术的发展来看，在引入剖析技术解决了静态分析局限性问题后，全软件支持带来的开销问题是该方案最大的问题，但单就线程划分这一环节而言，是比较适合采用软件手段的；而且现在硬件平台的变化趋势越来越快，通过全软件实现硬件兼容的方案仍然是非常值得研究的。

2.2.2　硬件线程级推测方案

　　在 TLS 技术发展的初期，基于以下两点期望：①硬件的执行速度比软件更快，所以希望完全通过增加处理器的硬件支持的方法实现更高效的 TLS 技术；②通过完全的二进制代码级变换（binary to binary）完美兼容大量只有二进制文件可用的串行应用，出现了一些比较激进的完全依赖硬件实现推测线程的划分机制和执行机制的芯片设计，如 Trace Processor（Rotenberg et al.，1997），DMT（Dynamic Multithreading）（Akkary et al.，1998），SM（Speculative Multithreading）（Marcuello et al.，1999）和 Atlas（Codrescu et al.，1999）等。

　　从线程的划分机制来看，由于采用硬件划分线程，所以划分可以依赖串行代码执行过程中所能捕获的所有控制依赖信息和访存依赖信息，如 Trace 处理器就通过 Trace Cache 这种特殊结构的 Cache 捕获并记录指令执行的动态序列，记录指令执行的逻辑序列，将物理上不连续但逻辑上连续的指令保存在一个 Cache 块中，称为 Trace，其实就是一种变形的线程；DMT 的划分基于循环(loop)和子程序结构(procedure)，指令译码之后由微处理器硬件自动在 procedure/loop 边界将程序划分成不同的线程；SM 只针对循环结构，通过动态循环检测的控制推测机制划分线程；而共享存储的 Atlas 则采用了 MEM-Slicing 技术，通过识别访存指令来创建以访存指令为边界的细粒度新线程。可以看出，硬件划分由于其动态运行的特点，可以很好地完成对程序执行特征的准确判断进而完成对程序推测区域的准确识别；但是由于硬件的判断依据是代码当前执行时的信息，得到的是对整个程序行为的局部理解，而各种应用程序又是不尽相同的，所以采用统一的划分策略很难在实时执行阶段完成对各种程序的最优或者较优划分。

从线程的执行机制来看，几乎所有的技术都选择了增加特定的硬件缓存部件来单独保存推测状态的信息和推测执行的结果，利用这些缓存信息进行线程间的依赖检测、同步通信，采用清空推测缓存的方法支持线程回退，以此来维护程序在推测线程化后仍然需要遵循的串行语义。例如，Trace Processor 采用了输出缓存来单独保存具有不同序号(sequence number)的多版本推测信息；而在 SM 中实现此功能的部件称为多值缓冲(multi-value cache)；DMT 则为每一个线程使用独立的踪迹缓存(trace buffer)来保证各个线程间的独立性；Atlas 则设立了单独的推测数据缓冲(speculative data cache)。通过增加一定的硬件复杂度，由运行时推测执行的硬件机制保证串行语义的维护，而放松在划分线程时要遵守的约束，这是线程级推测提出时的初衷。线程执行机制的硬件实现方案无疑为该技术的继续发展提供了正确的思路，让执行机制聚焦到了如何维护存储空间一致性这个问题上来。而从 Trace Processor 开始，人们通过将值预测(value prediction)技术引入该领域，为以后 TLS 技术的发展又指明了一个前进的方向。

基于硬件的 TLS 技术虽然有能准确捕获程序动态执行时行为特征、能够实现二进制兼容等好处，但是正如前面所述，硬件执行的局限性使程序的划分不能尽可能优化，导致程序在推测执行时依赖冲突过于频繁，引起了过多的性能损失，同时加上硬件设计复杂度、面积开销和硬件自身固有的资源限制等方面的问题，使这种单纯依靠硬件的 TLS 方案渐渐淡出了人们的视野。

2.2.3　软硬结合式线程级推测

从 Multiscalar(Sohi et al.，1995)这个方案开始，TLS 技术的研究就更多地倾向于软硬件协同。虽然期间经过了前面所述的全软和全硬的实现探索阶段，但在全面深入地理解了软硬件在支持 TLS 技术各方面的优缺点之后，通过一次否定之否定，这项技术现在又回归到了通过合理分配线程划分和执行，采用软硬件结合的手段来实现性能提升、资源利用的最优化组合。

传统的方案基本都是通过软件手段（通过编译器依据控制流信息）进行线程划分的，而通过增加一定的硬件机制（特定的缓存部件）支持线程执行。这些方案依据硬件平台的不同而有些区别：Multiscalar、Superthreaded（Tsai et al.，1996）、Pinot（Ohsawa et al.，2005）等属于集中控制的多核平台；Hydra（Olukotun et al.，1996）、STAMPede（Steffan et al.，1997）、Multiplex（Ooi et al.，2001）、MAJC（Microprocessor Architecture for Java Computing）（Tremblay，1999）、Krishnan 和 Torrellas（Krishnan et al.，1998）提出的系统等属于分布控制的多核平台；DASM（Marcuello et al.，1999）、IMT（Park et al.，2003）等属于同时多线程平台。而针对存储问题，Zhang、Cintra、Prvulovic 还提出了各自的共享存储平台。其中需要说明的是，从 Hydra 开始，线程划分的选择区域就从单一的循环结构转变为循环和子程序结构；STAMPede 则采用了 Cache 一致性协议来支持线程检测机制；Pinot 实现了使用二进制翻译器在程序中提取粗粒度线程的机制。所有的方案都旨在寻找软硬件技术的最佳结合点，随着新技术、新思路的不断涌现，这个问题依然是目前研究的重点。

值预测、剖析（profiling）和 TM 技术对传统的技术方案的发展起到了巨大的推动作用，其中值预测在化解数据依赖、增加并行机会和减短关键路径长度等方面极大地推动了技术的发展；剖析则在通过软件手段确定程序动态执行特征，从而实现更加合理有效的线程划分方面产生了巨大的影响，如当前的研究热点——线程的预执行技术（Zilles，2002）；而 TM 技术由于其自动维护共享存储空间一致性的特点，在硬件如何有效支持线程执行这个问题上开启了新的思路。TCC（Hammond et al.，2004）项目和最新的 IPOT（Implicit Parallelism with Ordered Transaction）（Von Praun et al.，2007）就是在这样的大背景下的产物。TCC 的设计动机是为 TLS 提供一个自动维护存储一致性的执行环境（McDonald et al.，2005），它的实现机制是通过引入附加位，用 Cache 行的不同状态记录推测访问的内容。但是它在执行时并不向其他线程传播自己的访问，只是在提交时才广播自己的推测写集合，写入共享缓存。如果其他线程发现自己引用了当前广播地址，就取消执行重新开始；而 IPOT 则是一个较好地结合了剖析技术和 TM 技术的软硬件结合线程级推测方案，它通过在编程语言级增加注释（语义近似于事务存储），采用动态剖析确定并行区域，然后采用有序的硬件事务存储平台执行，这样就达到了既保证线程级推测的串行语义序，又利用事务存储自动维护一致性的目的。

在软硬件结合的方式下，由于硬件本身固有的资源有一定的限制（如缓存部件大小），线程的粒度划分不能太大，但过小的线程粒度又不能有效平衡推测执行带来的开销，所以要求线程有一个适宜的粒度；而线程间的控制依赖特征和数据依赖特征又决定着 TLS 方案的性能提升潜力；再加上各个线程间的负载平衡问题对多核芯片是否能让每个芯片都能有效工作有影响，使得能获取程序动态执行特征从而有效指导线程划分的剖析技术在软硬件结合方案中的地位越来越重要。最新的工作代表如 empirical optimization（Johnson et al.，2007）通过动态剖析来重点解决线程划分中的各种问题；而 POSH（Liu et al.，2006）则代表了 TLS 编译器开发方面的最新进展。

总之，软硬结合的方式在新技术的推动下有了新的发展，而如何在新的时期从多方面、多角度权衡各种方案的优劣，推动软件和硬件两方面共同发展是目前 TLS 技术亟需解决的问题。

2.2.4　代表性方案 Hydra

1. Hydra 设计简介

Hydra 是斯坦福大学在 1996 年提出的一个单芯片多处理器体系结构方案（Olukotun et al.，1996），这是第一个提出在多核平台上利用线程级并行加速串行程序的开创性设计方案。

该项工作着眼于传统处理器体系结构设计在 20 世纪 90 年代末期遇到的严峻挑战：①串行程序中的指令级并行性是有限的，使用传统的超标量技术开发串行程序中潜在的指令级并行性这条技术路线几乎已到尽头；②随着片上晶体管资源的增多，超标量结构设计的复杂性需要耗费越来越多的时间与人力，渐至不可承受；③随着半导体工艺的不断进步，线延迟问题日渐突出，单个时钟周期内的信号传播距离有限，使得单核设计不能继续变"大"、变复杂。

为了解决以上问题，Hydra 在单个处理器上集成了四个 MIPS R3000 处理器单核，同时加入了相应的推测与同步机制，通过在多核上推测并行各自独立的线程来达到加速串行程序的目的。这种结构的优势在于：①单核设计简单，而且可以复用设计，降低整个芯片的设计复杂度；②将通信局限于片内，因此大幅提高了核间的通信带宽与速度；③通过在多个单核上并行执行程序，开发了串行代码中潜在的线程级并行性。

Hydra 主要的不足之处在于它基于总线的一致性维护方案导致其可扩展性不佳。

2. Hydra 线程划分与执行模型

Hydra 属于典型的软硬件结合式的 TLS 实现方案，其线程划分依据控制流图信息采用软件手段完成，而线程执行时的一致性维护则交由硬件平台自动维护。

Hydra 的线程划分使用 Hydracat 编译器在源代码级进行：①线程来源，程序中适宜并行的循环结构和子程序结构，主要还是针对循环结构，并选择合适的子程序结构作为补充；②划分方式，对于循环结构，编译器自动对作为线程候选的循环迭代加入编译制导信息，将各个迭代体作为独立的线程，对于子程序结构，在软件的控制下，将子程序调用后的代码作为新的线程；③编译优化手段，Hydracat 编译器可以运用循环拆分和合并(loop slicing/chunking)技术调整线程的粒度，即循环展开的大小。同时编译器会显式同步那些将在推测执行时发生依赖冲突的共享变量，保护使用此变量的临界区，降低线程执行时的回退率。

图 2-4(a)和图 2-4(b)分别说明了循环迭代在划分前后的对比效果，可见程序在划分之前循环的各个迭代体是串行执行的，而在划分以后则将后面的迭代体推测执行，以达到并行化的效果。

Hydra 的线程执行依靠推测控制协处理器来完成：①线程的启动，对于循环结构，推测控制协处理器在软件的控制下，根据编译制导信息在执行阶段动态地将循环体的不同迭代分配到各个处理器上推测执行，对于子程序结构，推测控制协处理器同样在软件的控制下，首先预测该子程序调用的返回值，然后将子程序调用后的代码作为新的线程分配到别的空闲处理器上推测执行，而原来的处理器则负责继续执行子程序；②线程的执行，线程启动以后，所有线程按照编译器指定的顺序(自身的串行序、逻辑序)被依次分配到处于空闲状态的处理器上推测执行，若当时没有空闲的处理器则等待；在线程之间可以进行旁路(forwarding，如图 2-4(b)所示)操作和快速的线程间数据通信，以此来减少线程间不必要的数据依赖冲突的发生；如果线程之间发生了写后读依赖冲突(violation)，则逻辑序在后的推测线程回退，重新执行(如图 2-4(c)所示)；逻辑序在前的线程如果已经成功提交，而线程之间发生写后写(Write After Write，WAW)依赖冲突时，不会影响逻辑序在后的线程正常执行，如图 2-4(d)所示；同时Hydra 提供了线程间的直接通信机制，使得时间序在前的写操作的结果可以直接被时间序在后的读操作检测到，如图 2-4(e)所示；③线程的提交仲裁，对于循环结构，所有成功完成的推测迭代都按照编译器预先制定的次序提交，当一个迭代发现循环结束条件已满足时，则在执行完毕后向所有其他处理器发出中止消息，其他仍在执行循环迭代的处理器就简单地取消正在执行的线程，成为空闲处理器，对于子程序结构，当子程序调用完成以后，首先比较实际的返回值与预测的返回值是否一致，如果一致则停止本线程，通知新线程保存所有推测执行的数据，继续执行即可；如果不一致，则通知新线程停止执行，丢弃所有推测执行产生的数据，继续执行本线程。

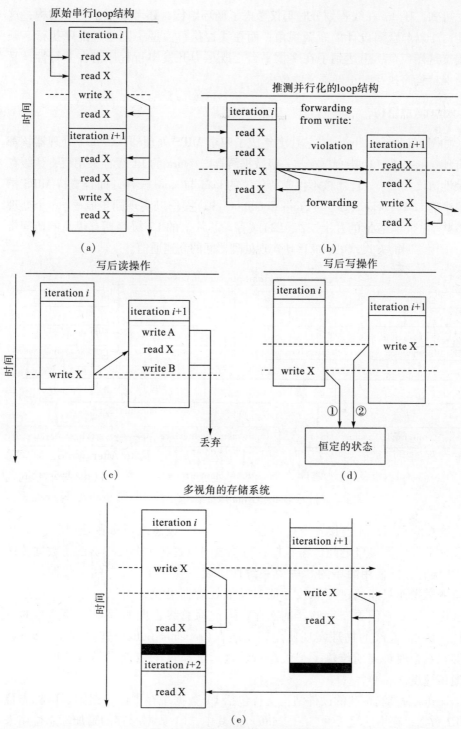

图 2-4　Hydra 线程划分与执行模型

可知，Hydra 在线程划分时不仅考虑了循环结构，还考虑了子程序结构，这是相对于以前众多设计的崭新视角；而在线程执行模型中则通过乱序执行、顺序提交这样一个思想达到了在多核平台上既尽力开发串行程序潜在并行性，又努力保持程序执行时正确语义的效果。

3. Hydra 体系结构

如图 2-5 所示，Hydra 在芯片上集成了四个 MIPS 处理器核，每个处理器核都拥有独立的一级(L1)指令缓存与一级数据缓存。Hydra 的 L1 缓存采用写直达缓存一致性协议。每个处理器核不仅支持传统的 load 与 store 操作，而且支持 MIPS 指令集中的 Load Locked(LL)与 Store Condition(SC)操作以实现同步原语。4 个处理器核共享一个大容量的片上二级(L2)缓存。芯片上的 L2 缓存拥有很高的访问带宽，采用写回的方式，可以简单地实现处理器间的高速通信。

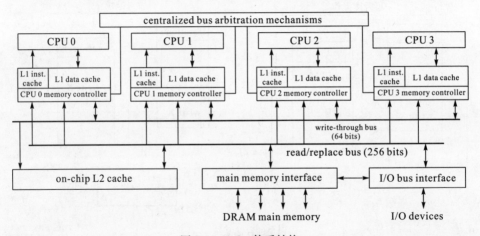

图 2-5　Hydra 体系结构

读总线和写总线连接各个处理器和 L2 缓存。读总线负责在处理器、L2 缓存和外部存储器接口之间传输数据；写总线则负责将 4 个处理器的写数据传送至 L2 缓存，并使用简单的"失效一致性协议"保证 L1 缓存的一致性。因为所有的写操作只能通过写总线才能对其他处理器可见，所以写操作通过总线的次序也就是它们更新存储器的次序，因此写总线也同时保证了存储器的一致性。Hydra 总线的物理实现使用转发缓存(repeater buffer)连接成流水结构，能够在每个时钟周期传输一个缓存行，这远远超过了传统对称多处理器的片间通信速度。

Hydra 对推测机制的硬件结构支持包括 L1 数据缓存中的一组附加的标志位与 L2 数据缓存中的写缓冲(write buffer)。其中，L1 数据缓存的附加标志位用来检测线程推测执行时发生的数据依赖冲突；L2 缓存中的写缓冲用来暂存推测执行时产生的临时数据，同时也用来支持线程间的旁路技术，以实现线程间快速的数据通信。

在 Hydra 中，由于 L1 数据缓存中的任何行可以在任何时刻失效，所以所有的非推测机器状态(permanent machine state)都保存在 L2 缓存中。发生数据冲突时，可以使 L1 数据缓存中所有包含推测数据的行同时失效(modified 标志位被置位)来清除 L1 数据缓存的推测状态；同时直接清空 L2 数据缓存中的写缓冲来丢弃推测数据。这样就不会影响其他线程所写的数据和 L2 缓存中的非推测机器状态。

2.3 TLS 与 TM 的结合

2.3.1 TLS 与 TM 结合的方式

因为开发线程级推测并行性的复杂之处在于提供存储操作的缓存，所以事务存储模型的使用应当是顺理成章的。只要给事务加上线程优先级的定义，基于事务存储应当能够高效地支持线程级推测机制。具体做法可以是在存储系统上(如 Cache)加入事务存储支持，把推测线程的全部或者部分访存操作作为一个事务来处理。例如，TCC(Hammond et al., 2004)与 bulk(Ceze et al., 2006)同时考虑了对 TM 与 TLS 的支持，但这两种模型都是基于总线和广播的设计，可扩展性方面存在一定问题。

为了更好地发挥 TLS 和 TM 技术的潜力，值预测、在线剖析和动态编译技术都将发挥重要作用。例如，TCC(Hammond et al., 2004)和 IPOT(Von Praun et al., 2007)等工作就是这种指导思想下的产物。

在分析对比了现有的 TLS 和 TM 技术方案后，本书的研究方案更强调软硬件系统的协同设计，更加关注软硬件功能的合理划分和相互配合，解决实际多核系统设计实现和应用场合不可回避的现实困难问题。一个程序在推测并行后能否获得性能提升，受制于硬件和软件上的诸多因素。硬件方面，结构与执行模型所包含的多个因素之间相互影响，想要单独分离出其中一个的效果，然后寻找它们的优化配置，是非常困难的。而软件方面，软件优化的目标和结果比较明确，如事务划分、值预测等。因此，考虑从软件方面入手，通过合理的线程划分来改善工作负载特征，以此作为线程级推测优化的主要途径。

在结构模型和编程模型上统一 TLS 和 TM 的实现，给高效可扩展的多核硬件结构设计带来了更大的挑战。从语义模型的角度考虑，这两种技术都要求系统存在两种执行状态，这里暂且称为临时态和稳态。当系统需要进行同步

（TM）或者推测（TLS）的时候就进入临时态。在这种临时状态中的执行结果是不稳固的，只有执行完这段代码，并通过冲突检测之后，系统才真正保留执行结果并返回稳态；如果无法通过冲突检测，系统必须放弃已有的执行结果，重新尝试进入临时状态的第一条指令。通过这种执行方式，系统可以保证在执行这个代码段的过程中，没有其他外界干扰。TLS 与 TM 仍然存在巨大的语义差别，TM 作为锁的替换机制，事务之间不存在逻辑顺序，要求事务在执行过程中完全隔离；TLS 作为串行程序并行化的机制，线程之间存在天生的逻辑顺序，因而允许甚至希望线程间可以定向传递数据。TLS 的这种语义限制增加了支持的需求，但是从基本的层面上，这两种技术都需要以下支持：①数据版本管理，也就是管理临时数据的能力，即暂存新数据，或者备份旧数据，TLS 可能有更高的要求；②检测冲突的能力，检查两个线程/事务是否访问了同样的数据，并且至少有一个写访问；③解决冲突的能力，要抛弃冲突执行的临时结果，恢复执行现场，必须保证不产生活锁，对于 TLS 还必须满足保持串行序的语义。以上需求给硬件实现带来了不小的开销，在硬件中同时实现两套类似但不完全相同的机制显然是不现实的。如果无法将两种技术的实现较好地融合，则很难将它们共同推向实用。因此，在本书的设计中，重点考虑解决以下两方面的问题：①避免广播与全局结构对多核可扩展性的限制；②TM 技术存在多种设计选择，不同的设计与 TLS 技术的耦合程度不同，直接影响最后的设计结果。

2.3.2　代表性方案 TCC

1. TCC 设计简介

　　TCC（Hammond et al.，2004）是 Hammond 等于 2004 年提出的一个硬件事务存储方案，采用了懒惰的版本管理和冲突检测机制。它是第一个提出将 TLS 技术与 TM 技术相结合的设计方案。

　　TCC 设计方案的动机如下：①锁机制使用困难，对于存在复杂的数据依赖关系的代码难以由人工实现细粒度的线程化（难以保证高性能）；锁机制的使用十分复杂，稍有不当就会造成优先级倒置甚至死锁等问题（难以保证正确性）；②锁机制本身也存在问题，较多的细粒度锁可以开发更多的并行性，但锁自身的开销也不可忽视；③TLS 技术需要一个自动维护一致性的执行环境，而 TM 技术刚好能满足这个要求。

　　为了实现上述目标，TCC 提出不仅将事务作为并行、通信的基本单位，同时也作为维护缓存一致性和存储一致性的基本单位。程序员只需要选择适宜并行的循环，添加简单的标识进行线程划分，以推测执行的方式保证程序的性能，而维护缓存一致性和存储一致性的任务则交由硬件事务存储系统中改进的一致性协议完成。

在 TCC 中，线程的推测执行结果保存在缓存中。在每个事务执行完后，所有的推测执行结果都进行提交，并且广播到总线上被其他的处理单元侦听，以此来简化一致性协议的实现。

TCC 方案具有以下优点：①提供了一种以事务为单位的并行编程模型，相对于传统的锁编程方式，程序员在线程划分时只需要进行简单标识，不需考虑性能与正确性的问题，这对于提高并行编程的生产力有着极大的意义；②它利用 TLS 技术将各个线程推测执行，以此保证程序的性能，在对模糊依赖的处理效果上比程序员更佳；③使用 TM 技术简化一致性协议实现，自动维护程序推测执行时的一致性；④较好地将 TLS 与 TM 技术的优点结合在一起，既解放了程序员，又保证了程序性能，在一定程序上满足了高性能和正确性同时具备这一矛盾的要求。

2. TCC 线程划分与执行模型

如前面所述，TCC 是一个将 TLS 和 TM 技术结合起来的方案，因此它的线程划分主要借鉴了两种技术方案共同的重点——对循环结构进行推测并行；而线程执行时的一致性维护则采用"事务存储＋总线"的一致性维护方案。

TCC 的线程划分也依靠程序员在源代码级进行划分：①线程来源，程序员判定适宜并行的循环结构；②划分方式，程序员手工对作为线程候选的循环迭代加入制导信息，将各个迭代体作为独立的线程；③优化方式，通过系统提供的运行时库(而不是编译器)可以对线程的粒度进行调整，进行一定程度的循环展开。

如图 2-6(a)和图 2-6(b)所示，图 2-6(a)是将一个迭代作为一个线程的情况，而图 2-6(b)则是将 20 次迭代作为一个线程的情况。需要说明的是，循环的选择和线程粒度的调整都需要依靠程序员的经验来指导完成，不采用编译器是因为拥有一大批比编译器更聪明的经验丰富的程序员。

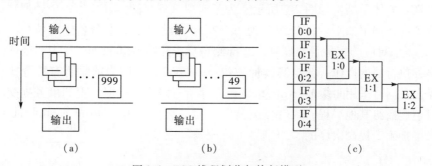

图 2-6　TCC 线程划分与执行模型

与其他纯粹的事务存储方案不同，TCC 的线程执行方案允许对线程部分定序，方法如下。

线程划分时给每一个线程分配一个阶段号（phase number），这些阶段号决定了同一组线程在提交时的先后次序：阶段号较小的线程先提交；阶段号大的线程必须等到所有阶段号小的线程提交完后才能提交；阶段号相同的线程可以同时提交。而当系统中有多组线程同时执行的时候，则给每一组线程分配一个组别号（sequence number），使不同组的线程可以同时提交，只有同组（组别号相同）的线程才需要比较阶段号。通过给每个线程分配"组别号：阶段号（sequence：phase）"的序列组合，就可以实现对线程的部分定序功能。

结合图 2-6，在没有进行线程部分定序的图 2-6(a)和图 2-6(b)中，所有线程都是并行执行的，只要不发生依赖冲突，完成以后就可以提交。而在图 2-6(c)中，由于进行了定序，所有组别号为 0 的左边五个线程，按照阶段号依次执行；当编号为 0：0 的线程提交以后，开始启动的 1：0 号线程就可以和组别号为 0 的线程并行执行了；而其他组别号为 1 的线程则仍然要按照阶段号依次执行。

TCC 中的线程执行主要也是依靠运行时库和"总线 + 事务存储"支持的：①线程的启动，在程序执行过程中遇到以 t_for 等接口封装的循环结构时，调用对应的运行时库，将循环中的迭代初始化，作为独立的事务开始推测运行；②线程的执行，TCC 采用懒惰的版本管理和懒惰的冲突检测——线程的推测执行结果都保存在缓存中，并不断侦听总线上的广播，如果发现自己已经使用了总线上的广播地址，则回退；③线程的提交，当线程执行完成时，就向全局提交控制器（维护着"组别号：阶段号"记录）发出请求信号，得到允许后，完成提交，并在总线上广播写缓冲中的内容。

由此可知，TCC 根据线程在总线上提交的顺序，通过懒惰版本管理和懒惰冲突检测机制，实现了一个简化的一致性协议。

3. TCC 体系结构

TCC 的体系结构如图 2-7 所示。为了实现事务存储，TCC 为一个处理器核的私有缓存添加了如下硬件资源。为每个缓存行设置：①重命名标志位（renamed bit），表示对应的字是否被推测；②推测写标志位（modified bit），表明当前是否有事务执行写的操作；③推测读标志位（read bit），表明当前是否有事务执行读的操作。同时采用写缓冲（write buffer）保存所有修改的数据，直到事务提交将修改打包广播给其他线程，或者作废清空。而提交控制表（commit control table）则用来维护确定提交次序的"组别号：阶段号"记录。

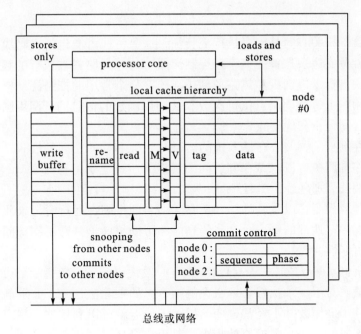

图 2-7　TCC 的体系结构

　　TCC 对缓存一致性的改进：为解决依赖冲突检测的问题，TCC 为每个缓存行添加了一个 read bit、一个 modified bit 和一个 renamed bit，对缓存行的更新状态进行标记；在事务推测执行期间，将所有修改的结果缓存在 write buffer 中，而事务的原子性使其他事务可以以"非更新"状态保存已经被修改的缓存行；当事务完成提交并将缓存结果在总线上广播出去以后，其他事务根据自身标志位的信息判定自己是否过早地使用了共享的数据，如果一个事务使用了稍后被另一个事务修改了的数据，系统就能够检测出不一致，并将事务回退。TCC 以这样一种方式简化了缓存一致性协议的实现。

　　TCC 对存储一致性的改进：在 TCC 系统中，由于维护存储一致性的基本单位同样也是一个事务，所以仅需要控制事务间的提交顺序，而不必考虑 load 和 store 指令的顺序，就可以利用总线上的提交操作实现内在的同步和简化的一致性协议，此外，还可以把所有事务的写操作集成在一起，这样可以减少延迟。

2. 4　程序剖析技术

2. 4. 1　剖析简介

　　剖析技术根据剖析对象的不同，可以分为控制流剖析、访存剖析和值剖析三大类。

控制流剖析关心的是程序执行流特征，这些特征可能包括代码块被执行的次数，条件分支边被选择的概率，控制流图中的一条路径被执行的频率，它们分别称为块剖析、边剖析和热路径剖析。还有一个常用的控制流剖析对象是关于程序调用图上每个调用点执行次数和被调用函数的信息的，调用图剖析常用来指导过程间分析和优化。

而访存剖析主要关心存储系统的运行时状况和存储访问的模式，它能够指导访存操作推测执行以隐藏存储访问的延迟。通过记录运行时 Cache 的访问状况，剖析能找到那些经常引起 Cache 失效的读操作及其访问地址，这样就可以在前面加入预取指令，以重叠计算和访存。别名剖析则在运行时记录几个访存操作使用相同内存地址的概率，这些信息能够帮助编译器判断不同访问间发生依赖冲突的可能性。

值剖析(Calder et al., 1997)负责收集一段代码或者一条指令最可能的输入或者输出值。对于一条执行延迟很大的指令，如乘除法指令，如果剖析能够确认指令的一个操作数并不经常改变，那么编译器就可以利用这个稳定的常数值生成强度削弱的代码来替换原始指令。对于一个代码区域，如循环，值剖析能够判断执行前的输入活跃变量和执行后的输出活跃变量是否具有基本不变的取值。

执行剖析最简单的方式是静态分析程序。通过程序结构的语法语义分析，能够猜测一些常见的运行时特征。例如，分支偏向的概率，如果静态分析发现一条分支指令其实是一个循环的回边，那么它有理由认为这个分支具有很高的被选择概率。但是静态剖析适用范围很窄，它的精度和准确性也很难保证。改进的方式是动态剖析，它使用培训输入集运行程序来收集信息。动态剖析事先在程序内部的不同执行点放入插桩代码，插桩代码负责记录程序运行到该点时的相关信息。不过对于某些剖析对象，如 Cache 行为的剖析，试运行代价非常昂贵。插桩代码常常会使程序的执行变慢几十倍，一般的优化过程很难承受如此大的剖析开销。为了提升动态剖析的速度，硬件监测和运行时取样被广泛采用。前者通过在硬件平台上集成一些监控部件，如计数器或者缓冲等，能够在程序运行时快速获得信息并保存。例如，Itanium 2 处理器(Intel, 2002)就提供了指令事件地址寄存器(I-EAR)和数据事件地址寄存器(D-EAR)，它们能够在指令执行时快速记录关于存储地址的信息。取样方法则是在运行时每隔一段时间触发中断，调用事先内嵌的插桩代码记录执行信息，相当于进行了一种剖析精度和速度的折中。

根据执行的时刻不同，剖析可以分为编译时剖析和运行时剖析两种。

剖析在编译时执行的方式叫做离线剖析。程序的编译分成两个阶段，第一个阶段，编译器生成的是加入剖析功能的可执行程序，后者运行一遍或者多遍收集信息反馈给编译器。编译器在第二个阶段根据剖析结果，生成优化的可执行代码，才正式交付执行。上面已经提到，这种离线方式最大的缺点就是缺乏合适的培训输入集。实际上，发掘程序执行特征的理想阶段应该是运行时，而不是开发时。

运行时剖析，称为在线剖析，它通过剖析程序运行的开始阶段预测整个运行特征，然后在执行过程中立即使用剖析结果来指导优化。例如，在一些动态优化系统中，程序开始时使用的代码都是原始未加优化的，经过一段时间的执行，在线剖析会找到那些被频繁执行的代码块，这些代码块优化后再继续使用。因为在线剖析花费的时间包含在程序的总执行时间中，所以基于剖析的优化必须能够提供足以抵消这些额外开销的性能收益。在线剖析的时长要谨慎选择，既要保证收集到足够的信息，也要使程序的执行尽早使用优化后的代码。在线剖析的优势在于它只在程序一次执行的开始阶段搜集信息，进而推测后续的运行特征，免去了通用培训输入集的需要。

在 2.4.2 节中，将简单介绍几个剖析指导的线程级推测优化研究方案，包括 JRPM(Java Runtime Parallelizing Machine)运行时系统，SPT(Speculative Parallel Threading architecture)编译工具和 Mitosis 编译工具。JRPM 使用在线剖析支持 Java 程序的运行时动态优化，而后两个使用离线剖析方式指导静态 C 语言程序的静态推测优化。

2.4.2　JRPM 方案

JRPM(Chen et al., 2003)是一个由硬件剖析器支持的动态编译系统，它运行在支持 TLS 的 Hydra CMP 平台上。JRPM 的系统组成如图 2-8 所示，最上层是 Java 字节码，中间层是 Java 虚拟机，负责执行编译优化，底层是包含了硬件剖析器和推测多线程支持的 CMP 执行平台。系统的输入是 Java 字节码，Java 虚拟机(Java Virtual Machine，JVM)会在其中寻找那些没有明显迭代间依赖的潜在并行循环，在翻译这些循环的过程中，会在里面插入注释指令。翻译得到的代码首先在一个核上串行执行，当遇到那些并行循环候选者时，硬件剖析器会执行插入的注释指令，记录迭代间依赖等线程级推测相关信息。当收集到足够的数据以后，如执行了 1000 次迭代后，JVM 将暂停程序的执行。它会根据得到的剖析信息，计算当前循环被推测并行以后的加速比。如果评估得到的加速比大于某个界限，那么循环将被重新编译成推测多线程代码。接下来这些代码，也就是优化的循环后续部分将会由多个核一起推测执行。

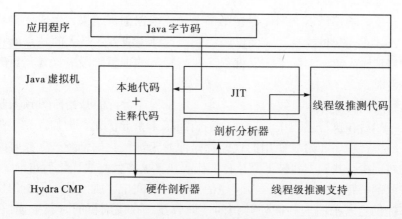

图 2-8　JRPM 的系统组成

从上面对 3 种推测多线程方案的分析可以看出，剖析对推测优化的指导作用是不可或缺的。Mitosis 编译工具利用边剖析得到程序的执行轨迹，以估算一个划分的执行代价，在优化预计算片时，还利用访存依赖剖析或者值剖析的结果削减代码长度。SPT 需要利用边剖析和访存依赖剖析，生成带有概率注释的控制流图和数据依赖图，从而计算一个划分的误预测代价。JRPM 的剖析和优化都在运行时完成，剖析由硬件剖析器执行注释指令来实现，得到的剖析结果用于指导运行时系统选择可并行循环。但是，对于执行 C 语言的程序推测执行平台，它是不可能得到像 JVM 那样强大的运行时支持的。因为对于用 C 语言开发的应用，它们面临的性能需求比 Java 程序严格得多，这种复杂的平台无关机制对它们是不现实的。

2.4.3　SPT 方案

相对于 Mitosis，SPT 方案（Li et al.，2005；Li et al.，2004）的目标比较集中。它考虑的是在推测多线程执行模型下，哪些循环适合推测并行，它提供了一个代价驱动的编译框架，负责寻找和变换那些适合推测并行的循环。静态编译阶段使用离线剖析来获得数据依赖和控制流信息，这些信息用来构建循环的代价图。通过计算每种可能划分的代价，编译器能够找到其中最优的划分。

SPT 的执行模型采用主线程/辅线程的形式。主线程不仅要负责辅线程的产生，在它到达辅线程的开始点时，还要负责冲突检测，重新执行推测失败的线程。SPT 的复杂之处在于它的冲突检测机制，辅线程将读访问获得的值保存在推测缓冲里，主线程执行到线程开始点后，需要主动检查这些值是否和自己的输出值相同，它会重新执行推测线程中那些使用了错误输入值的代码，而不是让整个推测线程重新开始执行，这样它的推测失败开销就只包括重新执行的代码部分。

根据线程开始点的位置，循环体可以分成 PRE_FORK 和 POST_FORK 两部分，PRE_FORK 中的代码是顺序执行的，里面的写操作不会引起推测执行时的数据依赖冲突。如果通过线程开始点的划分，将可能引起冲突的写操作都移入 PRE_FORK，POST_FORK 部分就可以完全并行。从性能的角度考虑，PRE_FORK 的执行时间不能超过一定界限。编译时已知的依赖写无疑要移入，对于不能确定的，应该考虑它们的冲突概率。为了获得冲突发生的概率，SPT 在编译阶段串行运行程序来剖析控制流边的到达概率和依赖边的发生概率。

SPT 的整个编译框架可以分为两个阶段，第一阶段分析所有的可用循环，并不进行实际的推测变换；第二阶段选择适当的循环后，正式进行推测多线程代码变换。关于这两个阶段的描述见图 2-9。

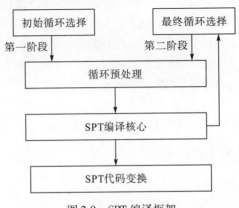

图 2-9　SPT 编译框架

在第一阶段中，编译器首先根据循环体大小等因素，选择并行候选者，然后对这些候选者进行预处理，可能的方式包括私有化、循环展开等。不过这些动作都是试探性的，并不实际改变代码。接下来就是 SPT 编译工具的核心模块——最佳划分选择。

划分模块的输入是控制流图和数据依赖图，和普通流图的区别在于图中的边已经注释了剖析阶段获得的概率信息。编译器根据这些概率和预先定义的执行代价模型计算某一个划分的误预测代价。通过比较，找到误预测代价最小的线程开始点位置，也就是当前循环的最优划分。

第二阶段根据已经得到的每个循环最佳划分的误预测代价，决定最终要推测执行的循环。接下来再重复第一阶段中预处理、划分选择的过程，最后完成实际的代码变换。

SPT 方案中一个划分的误预测代价通过预测失败后重新执行的指令条数来衡量。对于一个给定了划分的循环，根据它的控制流到达概率和数据依赖概率，可以计算出这种划分需要重新执行的指令条数。具体过程如下。

（1）建立初始代价图，迭代间数据依赖源也就是写操作作为初始节点，它的冲突概率由分支结构和划分位置决定，由于它们来自上一次迭代，所以其在代价图中用伪节点表示。

（2）根据数据依赖图，向代价图中递归地加入通过迭代间依赖边或者迭代内依赖边能够到达的节点。

（3）对代价图中的节点进行拓扑排序。

（4）依次计算代价图中每个节点的冲突概率，初始节点的重执行概率为其冲突概率，其他节点的重执行概率根据它的前驱和依赖边的概率得到。

（5）对所有节点的重执行代价求和，作为整个划分的误预测代价。

对于当前循环的最优划分选择，如果采用穷举比较的方法开销太大。因此，SPT 也采用了贪心算法。算法的目标是找到一个划分使它的误预测代价最小，而且满足 PRE_FORK 区域的大小不能越界。初始化时 PRE_FORK 区域为空，依次试探性地加入节点（冲突候选者）。只有依赖图中的前驱节点已经在区域中时，后继节点才可以加入。分别计算每个点加入后的误预测代价，选择当前最小代价的加入。重复上述过程，直到没有发现更小的推测预代价，或者 PRE_FORK 已经越界。

值得一提的是，SPT 编译框架能够使 SPEC 2000int 程序推测并行后平均加速 15% 以上。

2.4.4　Mitosis 方案

Mitosis 编译器（Quinones et al.，2005）的设计目的是寻找最优的线程划分方案，也就是发掘程序中并行效果最好的 < 线程激发点，线程开始点 > 对。它有以下几个特点：①能够支持任意程序结构的划分，而不仅限于循环和函数调用；②通过执行代价模型预先评估一组推测线程对的效果，选择潜在的最优划分；③使用预计算片断预测线程依赖变量的值，同时也对预计算片段的执行开销和预测精度进行了优化。

Mitosis 编译器针对的执行模型和本书 SPoTM（Speculative Parallelization on Transaction Memory）模型有较大的差别，具体体现在两方面：①在推测线程的开始阶段加入了一个预计算片断，预测线程内依赖变量的值，来尽量减少可能的冲突；②预计算片断生成和推测线程使用的值放在一个额外的缓冲中，Mitosis 线程的生命期见图 2-10。

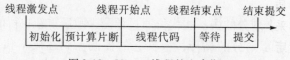

图 2-10　Mitosis 线程的生命期

　　Mitosis 执行模型中线程的产生和冲突检测也有其特殊性。它采用级联的线程产生机制，即由主线程或者辅助线程在执行过程中逐步产生新的推测线程，不同于 SPoTM 中一次产生所有推测线程的紧同步方式。在线程执行到另一个线程的开始点时，如果它处于非推测状态，那么它负责验证该线程开始点所对应推测线程的依赖数据有效性，也就是比较推测缓冲中的预测值和实际生成值，如果发生依赖冲突，它将推测失败的线程取消，自己继续执行线程开始点之后的代码。如果在到达开始点前，自动的冲突检测已经取消了推测线程，当前线程就会继续执行下去。这一点完全不同于 SPoTM 使用的推测失败线程取消-重启机制。

　　Mitosis 的难点之一在于估计一个划分的性能，也就是一组推测线程对总体的并行效果。它通过使用这些推测对后续程序的总运行时间来衡量性能，但是在编译阶段不可能验证所有划分的实际运行时间，因此它使用了推测代价模型＋踪迹预测的方式来计算近似时间。具体实现上，第一步是剖析阶段，它首先运行串行程序得到边剖析的信息，包括基本块的执行次数，分支的偏向概率。接着通过综合边剖析结果得到程序执行的多条踪迹。它的代价模型会为每条指令定义一个执行开销，如所有指令都为 1，这样就能得到踪迹中部分路径的执行代价。第二步是生成推测线程对候选者。理论上任意两个基本块的开始点都可以作为一个推测线程对，实现时要采用一些基本标准对它们进行过滤，这些标准可能包括：线程激发点和线程开始点只能在一个函数内部和嵌套循环的一个层次上进行选择；线程推测所对应的函数执行时间必须在整个程序执行时间中占有一定的比例；激发点和开始点的距离应该处于一定的区间，不能太大也不能太小；从激发点到开始点必须有较高的到达概率。满足了这些条件以后，就进入选择最优划分阶段。它采用贪心算法，试着将一个自由的推测对放入当前推测对集合，计算新集合的运行代价。对当前的所有自由推测对执行这个过程，找到一个运行代价最小的加入。持续这个过程，直到没有自由推测对存在，或者不存在更低的运行代价。运行代价的计算由一个简化的执行模型完成，它顺序遍历剖析阶段生成的程序执行踪迹，根据每段路径的执行时间增加自己的总运行代价，遇到推测线程对则减少执行时间，最终获得当前划分的总执行时间。

　　Mitosis 的难点之二在于预计算片断的生成。预计算片断其实是线程激发点到线程开始点间的代码的一段节选，目标是为预测线程提前获得输入值。从性能的角度考虑，这个片断不能太大，同时还要保持一定的预测精度，这两者在一定程度上是矛盾的。但是推测执行的优势在于它能够自动维护执行正确性，因此编译器能够采用激进的优化方法达到目的。具体实现分为三步，首先通过跟踪线程开始点后的控制流图寻找推测线程需要的输入变量，接着从推测开始点反向浏览控制流图，找到那些生成变量的依赖写操作并放入预计算片断。这个初始的片断是保守的，接下来再采用一系列优化动作削减它。还需要注意的是，预计算片段的开销应加入划分代价的计算中。

2.5　小结

根据本章的分析，可以得出采用软硬件协同的方式将 TM 技术和 TLS 技术结合起来开发串行程序中的线程级并行性是当前技术的发展趋势。

(1)从 TLS 技术的发展来看，在引入剖析技术解决了静态分析局限性问题后，软件式线程级推测技术比较适用于线程划分。

(2)HTM 模型得到了业界的广泛认同，比较适用于线程执行时的一致性维护。

(3)通过有效的软硬件协同机制将软件式线程级推测技术和 HTM 技术结合起来，可以有效地开发程序中潜在的线程级并行性。而软件线程划分的合理性对整个系统性能的影响尤为重要。

通过对已有的经典实现方案进行分析，可以得出以下结论，并对本书的工作思路有了如下启发。

(1)线程的来源都倾向于选择循环结构作为线程候选，最多将子程序作为补充。因此本书的设计方案也将循环结构作为分析的重点。

(2)线程的划分都采用了编译器或者程序员手工划分的的方式，属于使用软件手段进行线程划分的方案。本书的工作也采用软件手段，并且引入上述方案都未考虑的剖析技术，来达到更好的分析效果。

(3)这几个方案更偏向于利用程序员的丰富经验来定位程序中最具有并行潜力的区域，通过简单的标识帮助编译器或者运行时库进行实际的线程划分操作。这也是值得参考的。

(4)线程执行时的正确性维护都交由硬件机制来保障，硬件机制在处理这种繁杂重复性工作时更有优势。采用 HTM 来自动维护一致性是此类系统设计的最佳选择。相对而言，LogTM 的方案更加先进和实用。

(5)基于总线结构的设计存在可扩展性不好的缺点，因此本书的硬件设计重点应该放在提升系统的可扩展性上。

第 3 章　线程级推测并行性研究机制

建立一套合理的线程划分机制对于多核体系结构研究至关重要。由前面分析可知，以往的系统级工作主要针对如何优化推测线程的硬件支持等方面，而线程选取的合理性主要依靠程序员保证。一方面，并行编程生产力要提高，就必须进一步解放程序员，为此体系结构的设计者需要建立一些辅助机制来帮助程序员对程序结构进行分析，使程序员能更好、更轻松地进行线程划分工作；另一方面，随着 TLS 技术发展中剖析技术的引入，解决了传统并行编译器静态分析局限性的问题，使得多核体系结构可以为程序员提供完备的程序运行时特征分析。

本章通过将剖析技术引入多核事务存储体系结构研究来解决上述问题。首先，对影响线程推测执行性能的几个关键因素进行分析，提出了一套线程级推测并行性的判定准则和研究方法，帮助程序员更好地识别线程间的模糊依赖关系，从而建立一套合理的线程划分机制。然后，基于该机制实现一套进行线程级推测并行性分析的剖析工具集，使其既可以独立地对应用中潜在的线程级推测并行性进行分析，又可以集成到多核事务存储体系结构中，为基于事务存储的线程划分提供详细的剖析指导信息。

在线程级推测并行技术中，对模糊依赖的识别尤其重要。如果处理不好，将导致大量推测线程的取消和重新执行，由此带来的额外系统开销问题将会非常严重，极大地损害系统整体性能。同时线程在推测执行时也会发生如负载不平衡等一系列问题。因此通过建立一套合理的线程划分机制，帮助程序员进行合理的线程选取，是线程划分中最重要的任务。

3.1　推测模型

根据 Amdahl 定律和文献（Jeffrey et al. , 1999），推测线程的来源为程序中占据绝大部分运行时间的循环迭代和子程序调用。

选择循环是因为迭代彼此之间比较独立，是对不同的数据集进行相同或类似操作的过程，不同循环迭代之间的数据依赖相对较为规则，其粒度的一致性也容易实现负载平衡，同时由于其自身反复执行的特点，往往占据了程序运行时间的大部分，所以对循环结构的加速效果最为明显。

而选择子程序则是因为其局部变量的作用域常被限定为子程序内部，对这些局部变量的访问不会(或者极少)与子程序外部程序产生数据依赖,具有较好的独立性。

3.1.1　循环级推测模型

图 3-1 显示了循环结构的推测执行过程,左边是传统的代码串行执行时的情形,右边显示了推测执行的过程。如图 3-1 所示,在推测执行的开始,头处理器首先为新线程在内存中创建相关的数据结构,然后向其他处理器发出 loop_start 信号,通知所有空闲的处理器加载并运行各个推测线程(循环的各个迭代);此后在整个推测执行过程中只有头处理器才能直接写主存,其他处理器的访存操作则保存在其推测缓冲区中;当头处理器完成并提交成功后,它在逻辑序中的下一个处理器则成为新的头处理器,而它本身则重新加载新的线程并推测执行;当主处理器在提交完成最后一个循环迭代的时候,它将向其他处理器发出 loop_end 信号来结束对这个循环结构的推测执行过程,然后由头处理器继续执行循环后的代码。

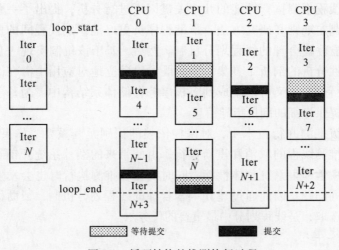

图 3-1　循环结构的推测执行过程

3.1.2　子程序级推测模型

基于子程序结构的推测执行模型如图 3-2 所示。当程序的执行遇到推测执行的子程序结构时,当前处理器(CPU 0)首先创建新的线程执行子程序代码,并通知其他空闲处理器(CPU 1)加载该线程,此后,当前处理器对子程序调用的返回值进行预测,并使用该预测返回值继续执行子程序调用的后继代码。当执行子程序的处理器(CPU 1)完成对子程序结构的执行后将通知原处理器(CPU 0),原处理器接到通知后，检查函数返回值的预测成功与否，如果预测成功则继续执行，否则，说明发生了错误的返回值引用，程序的执行回退到子程序调用的返回点，并从该处重新执行。

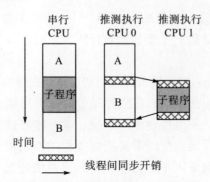

图 3-2　基于子程序结构的推测执行模型

　　需要说明的是，将子程序调用作为推测线程可以让使用同一堆栈的代码 A 和 B 运行于同一个处理器上，从而避免堆栈维护出错问题(若将 B 作为推测线程，则 A 和 B 分处不同的处理器却要维护同一个堆栈，随着线程的不断增多，若采用堆栈副本复制的方法则可能会使推测线程返回时不能正常地返回到原处理器上更早函数调用的帧；而若采用堆栈共享的方法则不同线程对同一堆栈的乱序写操作将导致程序错误)，但是该方案也存在在实际机器中同一处理器上保存不同线程返回点时开销过大的问题，出于以上考虑，本书中对子程序调用方案有限核数的性能评测限定为 2 核，以避免堆栈维护出错和保存返回点过多开销过大的问题。

3.2　分析方法

3.2.1　判定准则

　　以下就影响线程级推测(TLS)并行化技术性能的几个重要因素进行分析，并给出一套 TLS 适用性的基本判定准则。

　　计算量：TLS 技术的优势是可以乐观并行代码，但却引入了运行时检测的额外开销，要有效补偿这些额外开销就要求采用 TLS 技术的应用必须要有一定的计算量，这样通过并行计算得到的好处才能够在引入额外开销的情况下使程序整体性能得到提升。

　　可推测并行区域覆盖率：根据 Amdahl 定律，对单个程序的加速取决于程序内可以并行加速的区域大小，所以要加速单个应用程序，就要求应用本身具有较大的推测并行区域覆盖率。

线程粒度：线程粒度也是一个很重要的因素，粒度太小不能有效抵消线程生成和提交的额外开销，而粒度太大则可能会造成处理器缓存溢出的情况，Hydra 项目组提出了线程最适宜的粒度为以 $10^2 \sim 10^4$ 条指令为单位的规模；而且不一致的线程粒度会带来负载不平衡的问题，所以适宜的线程粒度应该是规模适中的、比较一致的。

线程间控制依赖特征：TLS 技术提出的初衷就是在线程划分的阶段利用控制流图信息，打破线程间控制依赖，在线程划分时忽略可能存在的数据依赖而交由运行时系统检测，如果发生控制依赖冲突，就意味着推测线程从执行的一开始就是不正确的，需要重启，所以需要推测线程的控制依赖是可预测的，而幸运的是循环结构大多可以采用步长值值预测技术对循环变量进行正确预测，而适合推测的子程序结构也大多是 void 型或者是类 void 型，从而可以采用最近值值预测技术进行正确预测，因此对于 TLS 技术，线程间控制依赖还是比较容易化解的。

线程间数据依赖特征：这是 TLS 技术最关键的性能影响因素，推测线程间的依赖冲突检测、同步、回退和重启等一系列的开销都是由线程间存在的不能化解的(真)数据依赖引起的，在线程划分中引入动态剖析技术的主要目的就是获取各个推测线程候选者的数据依赖特征，进而反馈式地指导线程划分，将各个推测线程间的数据依赖冲突可能降至最小，使线程间数据依赖程度较轻。将在 3.2.2 节详细说明如何分析线程间数据依赖特征对 TLS 性能的影响，从而更好地指导线程划分。

最终标准-加速比：看一个程序最终适不适合采用 TLS 技术，除了考虑以上的所有因素，最终的决定性因素还是这种应用在 TLS 技术下能获得多大的性能提升，这也是对应用进行离线剖析的主要目的。

通过对以上因素的分析，得出了线程级推测并行技术适用性的基本判定准则：满足 TLS 技术的应用具有以下这些特征，即计算量大、推测并行区域覆盖率高、线程粒度规模适中且比较一致、线程间控制依赖比较容易化解、线程间数据依赖程度较轻(请参见 3.3 节的具体描述)、能通过推测技术获得较大性能提升。

3.2.2　依赖分析方法

通过前面对线程推测执行模型和性能影响因素的分析，可知线程间的访存数据依赖分析是至关重要的，因此本书将线程间的访存数据依赖关系抽象成消费者与生产者之间的关系，通过对同一数据的生产和消费关系分析线程间的数据依赖。

从线程间的推测执行模型可知，对于从同一推测起始时间启动，而在程序结构（串行语义）上相邻的两个推测线程 i 与 $i+1$，如果线程 $i+1$ 在线程 i 对存储器的某个地址单元写入新值之前读取了该地址单元的旧值，会发生线程间的写后读相关数据依赖冲突，那么线程 $i+1$ 就必须清空自身所有的推测数据，回退并重新执行，以保证程序推测执行时的正确性。而循环迭代体或者子程序调用的程序结构和粒度是相似的，因此可以将推测线程对存储器的写入操作抽象成生产数据，而将推测线程对存储器的读取操作视为消费数据，如图 3-3 所示，通过对生产距离（produce distance）与消费距离（consume distance）的计算进行线程间的依赖关系分析。

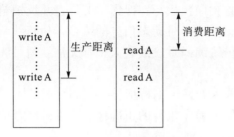

图 3-3　生产距离与消费距离

定义 3-1　生产距离：从线程开始执行到线程对特定内存单元的最后一次写入操作之间的指令数。

定义 3-2　消费距离：从线程开始执行到线程对特定内存单元的第一次读取操作之间的指令数。

由定义可知，生产距离与消费距离都是动态的概念，或者是针对某次特定的运行的运行时概念，因为不同的运行可能执行线程内部的不同分支，所以二者的计算也必须在运行时完成。对于上面提及的线程 i 与线程 $i+1$，以及特定的内存单元，当消费距离小于生产距离时，将很有可能发生数据依赖冲突。本书的剖析工作选取消费距离与生产距离的比值（$\alpha=$ 消费距离/生产距离）作为评价访存依赖的指标。可以看出，当 $\alpha<1$ 时，发生数据依赖冲突，并且 α 值越小，数据依赖程度就越严重，推测线程间等待同步的空等开销越大，而当 α 接近 0 时，就意味着即使采用完美同步策略，推测线程间也几乎是串行执行了；而 α 值越大，则意味着发生数据依赖的概率越小，因为同一循环的迭代粒度或者同一子程序调用的粒度是基本一致的，而当 $\alpha>2$ 时，在本书提出的模型下该依赖发生的概率已经足够小到不会对性能产生明显的影响，因此认为 $\alpha>2$ 时的依赖已经足够安全，不会发生数据依赖冲突。

3.3　剖析指导的线程划分机制

剖析技术解决了编译器静态分析局限性的问题，对于线程级推测并行技术具有非常重要的意义。

从保证程序正确性的角度来看，虽然并行程序的执行有不可重现性的特点，导致动态程序剖析的结果在程序重新运行时不一定完全正确（实际情况中极少出现此类不一致现象）；但是线程级推测并行技术自身会利用一致性协议进行正确性维护，所以采用剖析指导方案是可行的。

从提高程序性能的角度来看，这是对传统编译技术的改进。首先，运用一定技术手段低开销地将程序预执行，搜集相关信息并反馈给编译器，然后再由掌握全局静态信息和程序执行时动态信息的编译器执行线程划分。这种线程划分方案取得的效果是传统编译手段或者人工都无法获得的，是线程划分手段的一种实质性进步。

目前，学术界也普遍看好由剖析指导线程划分的技术方案。通过将两者结合，既可以协同两者保证程序执行的正确性，又可以结合两者共同提高系统级方案的整体性能。

综上可知，将剖析技术引入本书的多核事务存储体系结构是切实可行的，它不仅可以带来系统整体性能上的提高，而且能进一步解放程序员，为其提供有保障的优化指导信息。

TM 技术同样需要解决线程划分的问题，但当前的系统级解决方案都侧重于如何更好、更快地支持事务执行。这些系统中基于事务存储的线程划分主要依靠程序员利用经验和技术来判定适宜事务化的循环结构，并添加简易标识来完成。

根据前面提出的线程级推测并行性判定准则，结合剖析技术的运用，本书提出了利用剖析来指导基于事务存储的线程划分方案。首先，根据这套判定准则设计一套线程级推测并行性剖析工具集（分别针对循环结构和子程序结构）；然后通过剖析对初步选定的候选线程进行分析，给出其在并行推测执行阶段的计算量、可推测并行区域覆盖率、线程粒度、线程间控制依赖特征和线程间数据依赖特征等量化数据，将剖析结果反馈给程序员（独立使用时，离线剖析方式）或者编译器（集成到系统中使用时，在线剖析方式），这样既可以有效地确定对模糊依赖的处理策略，也可以对各种线程候选和划分方案进行筛选；最后由程序员或者编译器决定最终的线程候选，并指定最佳的线程划分方案，对其添加适当的标注信息，完成线程划分。

3.4　剖析应用分类

当前工业界采用的多核技术路线还能走多远是一个非常有意义的研究问题。随着片上晶体管资源的极大丰富，工业界采取了将多个采用传统技术制造的超标量单核集成在一块芯片上的技术路线。虽然工业界在通用多核处理器的制造工艺上能集成的核数越来越多，但是资源利用不充分的问题也越来越明显，这条路究竟还能走多远已经引起了业界的极大关注。

从线程划分的角度来看，不仅需要合理地选择线程的划分策略，采取适当的措施处理线程间的依赖关系，从而减少不适当推测执行引入的开销，最大化推测执行带来的性能提升；而且需要合理地选择适合推测执行的应用，利用程序剖析技术提供的预见性信息，指导程序员决定是否采用线程级推测并行技术来并行化应用。

应用需求也是计算机系统发展的动力源泉，是对客观规律的实践和掌握。一方面，新应用的蓬勃发展是微处理器技术进步的结果；另一方面，这种需求又刺激着微处理器的不断改善。在计算机发展的初期，处理器性能的提高主要是为了满足科学和工程计算的需求，非常重视浮点运算能力。20 世纪 90 年代后，随着办公自动化、家庭多媒体、互联网、移动计算的普及和迅猛发展，新兴的应用对个人计算机微处理器的性能和数量都提出了更新的要求；在高性能计算领域，也出现了更多亟待解决的科学和工程领域的基本问题。

不同类型的应用具有不同的并行性特征，对处理器体系结构也有不同的需求，只有有效地分析并了解各种应用自身的行为特征和计算模式，才能使体系结构和执行模型更好地适应应用的需求。加州大学伯克利分校的一个交叉学科研究小组正试图从各种应用中抽象出若干个 dwarf，每个高度抽象出来的 dwarf 都能有效地反映出所代表的一类重要应用的行为特征。这些特殊应用的代码实现可以是不同的，基本的数值计算方法也可能会变化，但它们本质的计算模式却保持不变，这对高性能处理器体系结构研究具有非常重要的意义。

目前这一研究工作正在进行中，按照传统的区分并行性的方式将传统的经典应用分为三种类别。

(1) 桌面应用(指令级并行(ILP)应用)。以 SPEC CPU2000 基准测试程序包(benchmark)为代表的传统通用测试程序，这些应用普遍具有的通信特征是指令之间存在较多的数据通信，目前，该类应用主要通过指令级并行技术采用流水线技术实现指令之间的重叠，通过多发射或超长指令字技术实现空间重复，以及通过乱序执行技术充分发挥流水线的效率。

(2) 多媒体应用(数据级并行(DLP)应用)。传统的多媒体和数字信号处理应用，这一类应用具有计算和数据密集的特点，通常包含频繁的、高度迭代的循环，需要处理大量数据流；其通信特征是计算和访存操作分离，计算密集，有大量数据通信，对本地存储器的存取非常规则，需要频繁的高带宽数据访问，但对每个数据的操作往往相互独立，同时处理完的数据往往不会被再次使用。

（3）高性能计算应用（线程级并行（TLP）应用）。传统的高性能并行计算测试程序，主要是传统的科学、工程计算等方面的经典应用，大多数应用以前主要放在机群系统中运行，程序都较容易划分为多个线程。

分析应用对于处理器体系结构研究具有非常重要的意义。理解应用的计算表示、程序执行模型和访存行为特征，可以帮助人们了解应用具有的并行性特征，解决如何提取应用中固有的并行性，如何选择合适的处理器核规模，如何设计高效的存储系统，如何有效地为应用分配合适的资源等问题。这对于分析当前工业界的多核技术路线还能走多远是非常重要的。

同时，线程级推测并行技术提出时一个最重要的出发点就是对传统经典应用的兼容性，希望通过这种技术实现各种软件的平滑移植。当前对此类应用适应性进行分析的工作主要集中在对桌面应用进行深入分析方面，而对另外两类应用适应性的分析还少有人涉足。基于以上考虑，通过对这三种传统应用的适应性分析，也可以扩大视角，更广泛地探讨什么样的应用最适宜采用这种技术来加速，能加速多少的问题。

因此，从应用程序本身的角度来探讨其是否适合采用线程级推测并行技术来加速，对于深入了解线程级推测并行技术的优缺点、适应性和局限性都有很大的帮助。

3.5　小结

本章首先介绍了基于循环结构和子程序结构的线程划分与推测执行模型；分析影响线程级推测并行性的线程计算量、可推测并行区域覆盖率、线程粒度、线程间控制依赖特征和线程间数据依赖特征；由此提出了一套线程级推测并行技术适用性的基本判定准则：满足 TLS 技术的应用具有以下这些特征，即计算量大、推测并行区域覆盖率高、线程粒度规模适中且比较一致、线程间控制依赖比较容易化解、线程间数据依赖程度较轻、能通过推测技术获得较大性能提升。

第 4 章　OpenPro 剖析工具集

本章将详细介绍按照前面定义的线程级推测并行性判定准则设计的离线剖析工具集 OpenPro，包括针对循环结构的剖析工具 ProLoop 和针对子程序结构的剖析工具 ProFun。

4.1　剖析方案

针对多核事务存储体系结构中线程划分阶段的特点和前面提出的推测并行性判定准则，剖析工具按照如下思路来设计：①按照候选线程应该具有一定的计算量和较高可推测并行区域覆盖率的要求，选取程序的热点(hot)代码片段，将其作为初步的候选者；②针对程序的这些热点进行剖析，按照判定准则的要求对影响性能的关键因素进行量化分析；③输出量化分析结果。

如图 4-1 所示，首先采用 Linux 系统自带的 GNU Prof 工具对程序热点进行初步分析。该工具可粗略地分析出程序运行时各个子程序所占整个程序运行时间的比例和函数调用图等。由此可以利用该工具提供的信息，选取整个程序的热点片段，将其作为初步的线程候选；然后将该串行代码通过交叉编译器编译成可供剖析工具运行的可执行文件，通过一定的手段让剖析工具可以自动识别出二进制码中对应的热点区域，对其进行剖析；最后再将这些候选线程的剖析结果输出，反馈给程序员或者编译器。

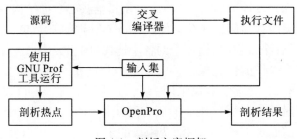

图 4-1　剖析方案框架

剖析作为编译的一个阶段，不仅要能较正确地获取程序的动态执行特征，而且必须满足速度快和开销小的要求。采用两种手段来保证剖析阶段的开销和速度要求：①剖析时建立一种完全从分析程序自身计算特性的角度出发的理想化机器模型，最小化剖析的开销和运行时间；②编写的剖析器采用单周期一条指令的模拟精度。该思路来源于 Intel 的 SPT(Li et al. ，2004）等工作，在此类方案中采用这样的模拟精度已经证明可以保证对程序行为的较正确分析。

机器模型的说明：为了保证剖析机制的速度和开销，同时也为了从程序自身计算特性的角度来最大程度地发掘程序中潜在的线程级推测并行性，定义了一种平台无关的理想机器模型来获取程序并行潜能的上限，在该模型中线程的生成、提交和回退没有开销；并且为了保证串行语义的正确性，所有推测线程将中间结果缓存在单独的状态空间，在推测执行成功后提交，失败后则重启；同时每个推测线程都能观察到先前线程所缓存的最新写值以实现线程间依赖检测，而在各个推测线程间的（真）数据依赖冲突也可以实现无开销的完美同步通信。

剖析器设计的说明：本书基于 SimpleScalar 工具集设计了此次实验使用的剖析工具集 OpenPro，出于控制剖析时间以适应编译器整体开销要求的考虑并参考了一些动态剖析工作，基于 SimpleScalar 工具集中运行速度最快的每周期执行一条指令的功能模拟器 sim-fast 进行修改扩充。

4.2　剖析机制实现

对推测线程进行剖析，应该重点着眼于两点：①如何识别并保存推测线程的相关信息，如线程粒度、可推测并行区域覆盖率等；②如何保存和分析推测线程的依赖相关信息，主要是推测线程的访存操作信息，另外，还应该考虑剖析的速度、开销等相关因素。

4.2.1　核心数据结构设计

基于以上考虑，设计了如图 4-2 所示的剖析器核心数据结构。

首先是对推测线程的信息保存，使用 ThreadList 链将同属一个并行区域（如一个循环结构）的各个线程（如循环中的各个迭代）的相关信息进行保存。

然后是对访存操作的信息保存，由于对内存的每个地址都要进行跟踪，但是内存的地址项有 23^2 之多，所以采用一个 64 项的哈希（hash）表 Hash_AddrList 来保存推测线程对其所属缓存地址的所有写操作信息。对读操作信息没有进行保存的原因在于前面对生产距离和消费距离的定义方式，可以使生产距离（读操作）在需要计算消费距离的时候直接从当前线程的当条读指令开始计算。

而将推测线程与它所写地址联系起来则是通过两个核心数据结构之间的 TWrite 链实现的，线程将所有保存有自己所写地址信息的 Addr_TWrite 项链接在一起，以方便进行相关计算时的查找。

因为推测线程的数目非常多，从剖析性能的角度出发，应该提高对相应推测线程的查找速度，所以该设计还为每个 ThreadList 链添加了一个用于提升查找速度的哈希表 Hash_ThreadList，通过这种哈希操作，可以极大地提升对相应推测线程的查找速度。

为了提升线程的查找速度，还将对这两种链表进行压缩操作——将已经过时不需要的线程或者写操作信息从对应的链表中删除。该操作也大幅提高了剖析工具的速度，其操作流程将在后面详细说明。

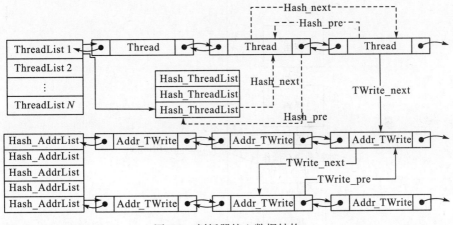

图 4-2　剖析器核心数据结构

4.2.2　剖析流程

介绍完核心数据结构的设计思路后，下面将详细地介绍剖析器的工作流程和一些重要操作的算法流程。

一条指令在超标量流水线结构里所经过的执行阶段可以简单分为取指、译码和执行三个阶段，而要对推测线程进行剖析，则需要在指令执行阶段的前后插入两个阶段：①拦截访存操作并进行剖析；②跟踪推测线程，主要是在线程的开始识别出推测线程，保存相应信息，并启动剖析过程，同时在线程结束后停止保存相关的地址写入信息等操作。

图 4-3 为剖析工具的主流程图，首先是初始化工作，使用 objdump 对执行文件进行反汇编，对核心数据结构进行初始化；然后在指令执行之前插入访存剖析操作，通过 Mem_profiling 模块实现；在指令执行之后插入线程跟踪操作，通过 Thread_trace 模块实现；而对线程的指令数的统计等操作则是在取指之前对相应变量进行累加来实现的。需要说明的是，将剖析模块放在新指令执行之前才能保证对初始状态的保存和对前一条指令相关信息的完整保存；而将线程跟踪模块放在新指令执行之后才能保证可以立即对新线程的状态进行保存。

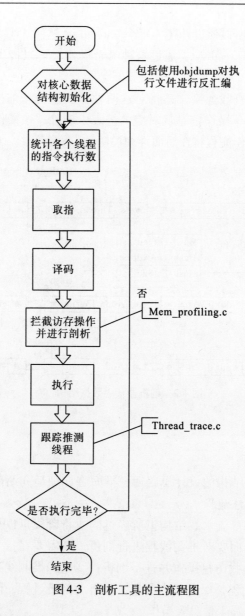

图 4-3　剖析工具的主流程图

4.2.3　线程调用跟踪

接下来主要对 Mem_profiling 模块和 Thread_trace 模块分别进行说明。如图 4-4所示，Thread_trace 模块主要通过判断是否是线程调用来调用信息记录模块 Record_Thread，通过线程插入操作 Insert_a_Thread 保存推测线程的相关信息，并且执行链表压缩操作以提高线程查找的速度。在线程结束以后再对整个线程的粒度等信息进行保存。

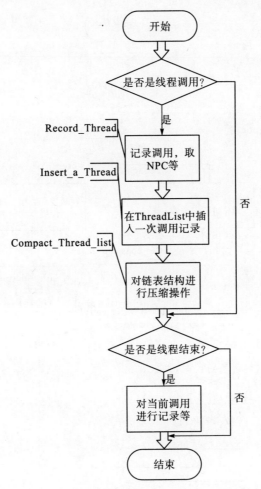

图 4-4　线程调用跟踪模块 Thread_trace 流程图

4.2.4　访存剖析机制

图 4-5 说明了 Mem_profiling 模块在线程执行时首先对当前操作数的类型进行判断，如果是访存写操作则通过 Insert_write_entry 操作将其写入 Hash_AddrList 进行相关信息的保存；如果是访存读操作则首先对其进行保存，然后通过 Get_comsume_distance 模块计算消费距离和生产距离，在存在消费距离的情况下计算读写依赖并将其保存。

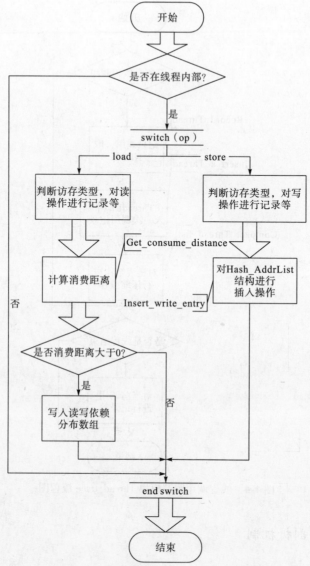

图 4-5 访存剖析模块 Mem_profiling 流程图

4.2.5 计算生产距离与消费距离

在剖析工作中，计算当前线程读写操作的消费距离和生产距离是整个算法的核心。图 4-6 是对其流程的说明。计算生产距离相对复杂，如果在 Hash_AddrList 中判定存在早于当前的写操作信息，则首先在该表中找到其对应的写操作的写入时间，用该时间减去本次线程调用的开始时间则可得出生产距离；随后在 Hash_AddrList中删除该写记录，再用当前读的时间减去调用结束的时间即可。

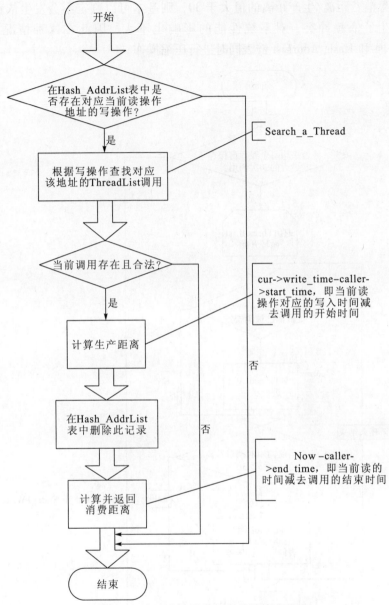

图 4-6　生产距离和消费距离的计算流程图

4.2.6　链表压缩设计

如图 4-7 所示，介绍最后一个对剖析性能有重要影响的链表压缩模块 Compact_Thread_List。该操作启动的初始条件为平均每个链表已经保存了 60 次线程调用，如果在链表中当前调用产生的值都已经被消费则将该次调用信息删除；

同时如果消费距离/生产距离的值大于30，则基本可以判定不会发生依赖冲突，即使发生了依赖冲突，对系统性能的影响也不大，因此在这种情况下也对 ThreadList 和 Hash_AddrList 链表同时进行压缩操作。

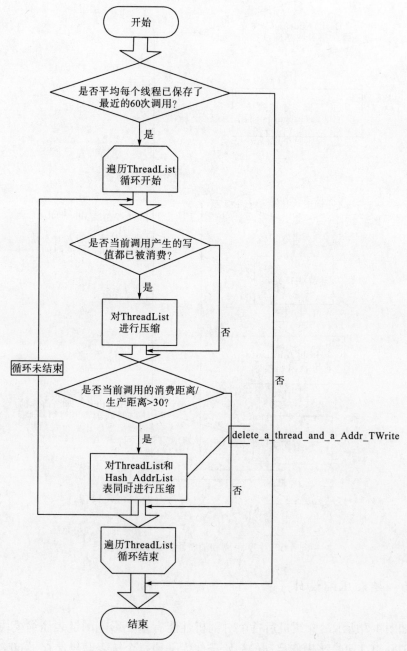

图 4-7　链表压缩 Compact_Thread_List 流程图

通过以上对核心数据结构和核心算法流程的分析，已经将该剖析工具的总体设计思路进行了详细的描述，接下来将结合循环结构和子程序结构各自的特点来介绍 OpenPro 剖析工具集的设计。

4.3　设计说明

4.2 节主要从数据结构和算法的抽象层次说明了剖析工具的实现机制，本节主要从如何支持 4.2 节提出的抽象策略和如何实现针对不同结构(循环和子程序)的推测支持机制方面进行说明。

通过前面的分析，可以看出实现整套剖析机制的关键在于：①如何正确地识别访存依赖冲突；②如何处理访存依赖冲突；③如何针对循环和子程序结构的不同特点实现对线程相关信息的保存。

首先必须正确地识别访存的类型，才能正确地识别数据访存依赖。程序的访存操作可以分成三类：全局数据段访问、堆栈段数据访问、堆数据访问。图 4-8 说明了 OpenPro 内存中各个段的虚拟地址分布情况。程序中的全局变量保存在全局数据段中；局部变量保存在堆栈段中；而动态分配的空间地址则保存在堆中。在 OpenPro 中就可以通过对访存目标地址范围的判断，在运行时确定访存的类型。对于子程序，只有全局变量之间才会发生依赖冲突；而对于循环，迭代体中的所有访存类型都有可能引起依赖冲突。

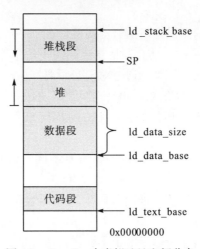

图 4-8　OpenPro 中虚拟地址空间分布

在正确识别出依赖以后，OpenPro 就需要采用一种合理的线程同步机制执行推测线程的依赖冲突处理。因为在 OpenPro 中采取何种同步机制将直接影响加速比的计算，而加速比又是最终判定一个程序是否适合采用线程级推测并行技术来加速的最重要的影响因素。因此，如图 4-9 所示，对产生依赖冲突的两个线程采用完美同步的策略,以此来保证得到程序潜在的最大加速比。当 Thread1 和 Thread2 发生依赖冲突后,通过将 Thread1 的读入时间和旧值与 Thread2 的写入时间和新值完美同步,更新为最新的读入时间和新值,以此来达到最优化的线程同步机制。

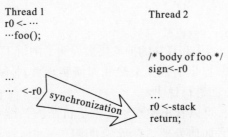

图 4-9　OpenPro 中的线程同步机制

　　传统的线程划分方案主要对循环结构进行推测,但是子程序结构在理论上也是一种可利用的补充手段(在实际机器中要实现对子程序的推测,其支持机制异常复杂)。为了实现剖析工具的完整性,本章在 OpenPro 中分别设计了针对循环结构的剖析器 ProLoop 和针对子程序结构的 ProFun。以下就它们根据线程来源不同对剖析机制各自不同的支持实现进行说明。

　　ProLoop 对剖析机制的实现支持如下。

　　(1)线程的识别。通过在循环迭代的首尾添加简单标识函数(ThreadStart 和 ThreadEnd)来实现。

　　(2)线程执行时的信息保存。通过给线程分配唯一的标识 ID,对线程的起始时间、结束时间、指令条数、访存写信息链和同步信息等数据进行保存。

　　(3)线程结束时的相关计算。通过对消费距离和生产距离的计算汇总进行数据依赖的分析;通过对指令条数、执行时间的汇总进行如线程粒度和可推测并行区域等信息的分析;通过对访存依赖的同步信息保存实现加速比等信息的计算。

　　ProFun 对剖析机制的实现与 ProLoop 略有不同,仅就存在差异的地方进行说明。

　　(1)线程的识别。通过在二进制代码中识别函数调用指令(JAL 与 JALR)与函数名(JR $31)来实现。

　　(2)线程执行时的信息保存。由于子程序是通过值预测技术进行推测的,所以线程还保存预测的返回值用来完成对推测线程正确性的检验;而子程序中的局部变量是不会与其他线程发生冲突的,所以仅对全局变量的访存操作进行保存。

　　(3)线程结束时的相关计算。线程结束时也比 ProLoop 多一个返回值校验的过程。

可以看出，OpenPro 工具集的框架设计是合理的，可以应用到不同的剖析对象上。同时该工具集也可以随着技术的发展，在该框架下添加针对新的推测执行方案的剖析工具。

4.4　实验方案说明

如前面所述，本章已对三类应用进行了分析，分别是代表桌面应用的 SPEC CPU2000 benchmark、代表多媒体应用的 MediaBench benchmark 和代表高性能计算的 SPLASH2 benchmark。选择这三种测试程序包的理由如下：①桌面应用、多媒体应用和高性能计算应用是三种最重要的传统应用；②SPEC CPU2000、MediaBench 和 SPLASH2 分别是各自领域中经典的基准测试程序包，它们涵盖了很多重要的传统应用，作为 TLS 在传统领域的技术潜能评测对象比较合适；③它们是传统的通用代码，比较符合兼容性的要求。

OpenPro 剖析工具集既可以用来测试循环结构，也可以用来测试子程序结构。本书的实验方案以评测循环结构为主进行详细剖析，将对子程序的测试作为一个补充，仅对加速比进行分析。在对循环结构进行剖析的工作中，考虑到推测技术在实际应用中，对嵌套的循环进行多层同时推测时有着如推测点保存开销等一系列问题（并且通过实验证明了推测最优的单一层次的循环基本能达到多层循环同时并行效果的 70%～100%），对这些程序中的多重循环结构进行了分析，然后选取了最适合并行的单一层次进行了推测并行化工作，以期获得最大的性能提升。子程序结构不能作为主要的线程候选，而且在本次实验中有限核的评测方案中只对 2 核进行分析的原因请参见 3.1.1 节中的相关说明。

这些程序中作为推测线程候选的循环迭代间的控制依赖几乎都是通过规则变化的循环变量联系的，通过采用步长值值预测方法可以对其进行近乎完美的预测，所以在实验中采取了步长值值预测方法对循环变量进行了完美预测，以生成在控制依赖上足够独立的各个迭代线程而不需要进行线程的重启，以便更专注于对线程间数据依赖特征的分析。同时为了保证程序具有足够的计算量，所有的测试程序都采用了较大的输入集规模，来满足线程级推测并行技术必须大计算量的要求。

最后需要说明的是，所有的实验都在运行 Linux 系统的 x86 平台上完成。模拟器的指令集采用 SimpleScalar 工具集的 PISA 指令集，编译器采用 SimpleScalar 工具集中提供的经过后端改造的 gcc-2.7.2.3。

4.5　小结

本章首先介绍了基于循环结构和子程序结构的线程划分与推测执行模型；

分析影响线程级推测并行性的线程计算量、可推测并行区域覆盖率、线程粒度、线程间控制依赖特征和线程间数据依赖特征；由此提出了一套线程级推测并行技术适用性的基本判定准则：满足 TLS 技术的应用具有以下这些特征，即计算量大、推测并行区域覆盖率高、线程粒度规模适中且比较一致、线程间控制依赖比较容易化解、线程间数据依赖程度较轻、能通过推测技术获得较大性能提升。

然后通过分析将剖析技术引入线程划分，结合提出的判定准则提出了基于事务存储的线程划分方案；据此设计和实现了一套线程级推测并行性的离线剖析工具集 OpenPro，并详细介绍了该工具集的设计思路、总体框架、核心数据结构和重要算法流程的抽象实现。

最后详细讲述了对 OpenPro 剖析机制的具体实现策略；针对循环结构和子程序结构不同的特点，对 ProLoop 和 ProFun 中剖析机制各自特定支持策略进行了说明。

这套机制具有很大的灵活性，它既可以独立地对应用中潜在的线程级推测并行性进行离线剖析，又可以作为剖析软件模块集成到多核事务存储体系结构中进行在线剖析，为基于事务存储的线程划分提供详细的剖析指导信息。

第 5 章　桌面应用的推测并行性分析

从本章开始，后续三章将对三种典型的传统应用——桌面应用、多媒体应用和高性能计算应用进行线程级推测并行性的应用适应性分析，由此来探讨在当前工业界的多核技术路线下，这些传统的串行应用究竟能够充分利用多少个核的计算能力。换而言之，就是从应用本身并行潜能的角度对"这条路还能走多远"进行初步的探讨。

5.1　桌面应用简介

SPEC 是最成功的标准成套基准测试软件之一，由著名计算机厂商、系统集成商、大学、研究所、出版商等组成的非营利的性能标准化组织（Standard Performance Evaluation Corporation）发布。SPEC CPU 是 SPEC 的桌面应用测试程序。SPEC 的基准测试程序从真实的应用中提取出来，并且提供源码使其可以在不同的 UNIX 工作站上编译运行。SPEC89 是 SPEC CPU 最早的版本，得到了工业界的认同。但是随着处理器、编译器、计算机系统的迅猛发展，测试程序也是需要不断发展的。本次使用的是它的第四个版本：SPEC CPU2000（第一版为 SPEC89，其后为 SPEC92、SPEC95）。

作为一个计算密集型的 benchmark，SPEC CPU 主要用于测试处理器、存储层次和编译器的性能，但是并不测试 I/O、网络和图形显示的性能，SPEC 程序特意精简并且最小化程序的 I/O 活动。

表 5-1 详细说明了本次实验从 SPEC CPU2000 benchmark 中选取的应用名称、所用的输入集规模和应用说明。其中，Gzip 和 Bzip2 用于压缩技术；GCC 和 MCF 用于程序的编译；parser 用于文字处理；而 vpr 和 twolf 则用于集成电路设计的布线设计等方面。为了保证程序的计算量，实验所采用的输入集规模都是 lgred（lg 为 large 的缩写，大规模）级别的。

表 5-1　SPEC CPU2000 评测程序说明

程序名	输入集规模	应用说明
Gzip	lgred	compression
vpr	lgred	FPGA circuit placement and routing
GCC	lgred	C programming language compiler

程序名	输入集规模	应用说明
MCF	lgred	combinatorial optimization
parser	lgred	word processing
Bzip2	lgred	compression
twolf	lgred	place and route simulator

选择这些程序的理由如下：①这些应用最能代表传统的桌面串行应用的特征，因为它们都属于应用最广泛的成熟整型（CINT）应用，如 GCC 为 C 语言的编译器，而 parser 则用于文字处理；②这些程序的算法流程从设计思路上就是严格串行的，当前的指令级并行技术并不能对其产生非常好的加速效果；③这些程序中的计算和访存是不规则的，可以借此探讨一下线程级推测并行技术对此类难以并行的应用是否存在加速可能。

5.2　桌面应用循环级并行性剖析

表 5-2 给出了这 7 个程序的可推测并行区域覆盖率（parallelism coverage）、加权平均线程粒度（average size）和加权平均线程间数据依赖程度（average α，其中 α = 消费距离/生产距离）。

下面根据前面提出的线程级推测并行性判定准则从影响 TLS 技术性能的几个关键因素对 SPEC CPU2000 benchmark 中的这 7 个程序进行分析，并在最后加速比分析的时候通过对几个因素的综合分析对程序的结果进行剖析。本书接下来的两章也会采用同样的分析方式。

表 5-2　SPECCPU2000 的推测并行性能影响因素

程序名	可推测并行区域覆盖率	加权平均线程粒度	加权平均线程间数据依赖程度
GCC	25%	4.5×10^3	0.33
Bzip2	79%	9.5×10^3	0.24
vpr	52%	2.9×10^3	0.29
MCF	92%	2.3×10^4	0.37
parser	43%	1.9×10^6	0.18
twolf	89%	2.3×10^4	0.20
Gzip	84%	9.8×10	0.22

（1）可推测并行区域覆盖率。从表 5-2 来看，GCC、parser 和 vpr 的可推测并行区域覆盖率不高，基本都在 50% 以下，根据 Amdahl 定律，这些程序的加速比

都不超过 2。尤其是 GCC，可并行区域极小，这主要是由编译器代码本身的性质决定的。而其余 4 个程序的可推测并行区域覆盖率尚可，仍需进一步观察。

（2）加权平均线程粒度。由于理想的线程粒度应该介于 10^2 条和 10^4 条指令之间，可以看出表 5-2 中的大多数程序还是满足这个要求的，只有 parser 的线程粒度显得过大而 Gzip 的线程粒度又有些稍小。

（3）加权平均线程间数据依赖程度。作为传统串行代码的代表，这些程序几乎同样表现出了其程序的突出特征——程序中指令间的依赖程度非常高。从表 5-2 中可以看出所有程序的 α 值都在 0.4 以下，而且有些更是达到了 0.2 以下。从这一点来看，所有的程序都不太可能在 TLS 技术中取得很好的并行效果。

（4）加速比。图 5-1 表示了各个应用在不同有限核数（2 核和 4 核）和理论上无限核数（∞）下能取得的加速比，最上面的数字表示了该程序在无限核数的情况下所能取得的最大加速比；不同图案由下而上累加则表示在其核数下能取得的加速比相对于无限核情况下加速比的比率分布，如 Gzip 对应于 80% 的刻度则表示使用 4 核加速它可以取得程序加速比理论上限值的 80%，即 2.1×0.8 ＝ 1.68。在本书中出现的类似加速比分布图都采用相同的表示。

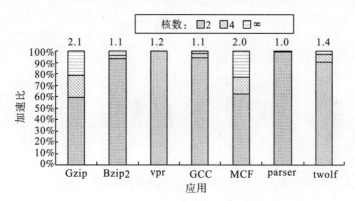

图 5-1　SPEC CPU2000 的循环结构加速比分布图

从图 5-1 中可以看出 Bzip2、vpr、GCC 和 parser 这 4 个程序几乎没有得到加速；Gzip、twolf 和 MCF 情况稍好，但是其在采用 4 核的时候仍然也只能取得 1.5 倍的加速比，这也是一种极大的资源浪费。

结合前面的分析可以看出：①GCC、vpr 和 parser 很低的可推测并行区域覆盖率和比较严重的线程间依赖程度导致了它们的加速比不高；②Bzip2 则主要是因为其线程间的依赖程度太严重而导致其几乎没有得到加速；③Gzip、twolf 和 MCF 的线程间依赖程度也很严重，但是其较高的可推测并行区域覆盖率使得它们还是多少得到了一点加速。

因此可以看出，使用多核加速传统的整型桌面应用收效甚微，而且大多数程序采用 2 核就能达到程序性能上限的 90%。从这个意义上，桌面应用是不宜采用 TLS 技术来加速的，同时，这也佐证了为何现在的多核芯片对传统桌面应用的加速收效甚微，而只能采用多个程序同时运行的手段来提高计算资源的利用率。

5.3 桌面应用子程序级并行性剖析

虽然在实际机器中实现对子程序结构进行推测的支持机制非常复杂（参见 3.1.1 节），至几乎不可实现，但是作为理论分析本书仍然对其在无限核数情况下的加速比进行了剖析，以期获得一些对程序特征更深入的认识。也如前面所述，只对 2 核的有限核数情况进行分析。

从图 5-2 中可以发现 MCF 和 Bzip2 在针对子程序结构的推测执行方案中取得了比循环结构更好的加速效果。通过对程序代码进行分析，发现主要是因为这两个程序的循环结构包含在对应的子程序结构之中，而子程序结构的封闭性则掩盖了一部分线程间原本发生在循环迭代体中的依赖冲突。而 2 核情况下对程序的加速还是不容乐观，几乎都没有得到加速。

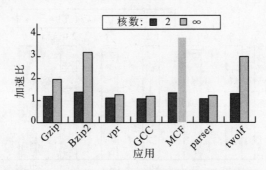

图 5-2　SPEC CPU2000 的子程序结构加速比分布图

但无论如何，这也给本书的设计提供了一些启发：如何更好地协调子程序和循环之间的关系来更好地加速串行程序也是非常重要的，特别是两者是包含与被包含的关系时。在后两章的分析中还可以看到由循环迭代包含子程序调用时的加速情况，也是非常值得关注的。

5.4 小结

通过前面的分析，可以得出以下几点结论。

（1）大多数桌面应用受限于本身的设计思想和算法流程，使得采用 TLS 加速时线程间的访存依赖非常严重，无法获得理想的性能提升。同时部分程序的可推测并行区域覆盖率严重偏低。

（2）只需要采用 2 核的加速方案，就可以获得大多数桌面应用最大并行效果的 90% 左右，这说明大部分该类应用只能有效使用 2 核的计算资源。这也佐证了当前多核芯片技术路线对传统应用的加速效果甚微的事实。

（3）将针对子程序结构的加速和循环结构的加速结合起来考虑应该是一个可以尝试的方向。

（4）从性能的挖掘和计算资源的利用率上看，传统的桌面应用不适合采用 TLS 技术来加速。

第6章 多媒体应用的推测并行性分析

6.1 多媒体应用简介

MediaBench 是第一个反映多媒体和通信系统应用特征的基准测试程序包，也是第一个为了强调编译技术而仅使用高层语言的基准测试程序包，这些应用和相应输入集的选择来源于作者的经验和市场的驱动。MediaBench 覆盖了多媒体应用的各个方面，测试程序的计算量主要集中在多媒体运算上，包括视频、声音、图像、文字等的编码解码，分析处理，显示转换等。

多媒体应用跟桌面应用有很大的区别，主要关注程序的实时响应、连续数据传输能力、细粒度的数据并行性、指令局部性、存储带宽、网络带宽和数据重组等方面的性能。

表6-1详细说明了本次实验从 MediaBench benchmark 中选取的应用名称、所用的输入集规模和应用说明。这六个经典测试程序包括用于语音处理方面的 G721 和 ADPCM 程序；图像处理方面的 MPEG2、epic 和 JPEG；以及加/解密的 pegwit 应用。所有程序都采用其测试包自带的标准输入集进行剖析。

表 6-1　MediaBench 评测程序说明

程序名	输入集规模	应用说明
G721	default	voice compression
pegwit	default	public key encryption and authentication
MPEG2	default	MPEG－2 video coding－DVD，720P，1080I
JPEG	default	DCT(block)image coding
epic	default	experimental image compression
ADPCM	default	ADPCM audio encoder

选择这六个程序是基于如下考虑：①这六个程序都是极其经典的传统代码，如用于图像处理的 JPEG 程序等；②选择的这六个程序分别代表了语音、图像视频和加/解密这三个最重要的多媒体应用方向；③这些程序都具有较高的计算/访存比，满足线程级推测并行技术对大计算量的要求；④这些程序都具有比较规整的计算模式，比较容易进行线程划分。

6.2　多媒体应用循环级并行性剖析

与第 5 章类似，也将从可推测并行区域覆盖率、线程粒度、线程间数据依赖程度和加速比这四方面对多媒体应用中的潜在线程级推测并行性进行剖析。

表 6-2 详细给出了这几个程序的关键因素剖析结果。需要说明的是对 G721、pegwit 和 MPEG2 这三个程序，都分别给出了其编码（encode）和解码（decode）的相应结果（以如 G721. en 和 G721. de 这种形式进行命名）。

表 6-2　MediaBench 的推测并行性能影响因素

程序名	可推测并行区域覆盖率	加权平均线程粒度	加权平均线程间数据依赖程度
G721. en	45%	1.1×10^2	0.65
G721. de	48%	1.3×10^2	0.64
pegwit. en	51%	1.2×10^3	0.26
pegwit. de	50%	1.3×10^3	0.26
MPEG2. en	90%	4.7×10^2	0.68
MPEG2. de	88%	3.5×10^2	0.73
JPEG	99%	4.3×10^3	0.51
epic	84%	8.7×10^2	0.88
ADPCM	99%	2.3×10^2	∞

（1）可推测并行区域覆盖率。从表 6-2 中的数据来看，MPEG2、JPEG 和 AD-PCM 的可推测并行区域覆盖率都在 90% 以上，而 JPEG 和 ADPCM 几乎达到了 100%，说明这两个程序中，循环结构几乎占据了所有的运行时间，为加速提供了很大的利用空间；epic 则稍微次之，为 84%；而 G721 和 pegwit 就只有将近 50% 了。由此可以看出 G721 和 pegwit 基本不能取得非常好的加速效果。当然，因为加/解密等应用本身就需要在对数据进行多次加/解密过程前有额外的大运算量初始化工作，所以这也是情有可原的。

（2）加权平均线程粒度。从线程粒度这个视角来看，上述所有的应用都符合线程级推测并行技术的要求，粒度比较适中，同时还可以采用循环展开等技术进行一定程度的优化，以期获得更好的加速效果。

（3）加权平均线程间数据依赖程度。由于多媒体应用本身就着眼于利用程序中的数据级并行性，所以大多数代码在通过线程级推测并行技术加速时都表现出了良好的情况，只有加/解密应用 pegwit 表现出了与桌面应用类似的线程间依赖程度严重导致 α 值过低的情况；大多数应用的 α 值都在 0.6 以上，这意味着大多数多媒体应用中的数据依赖程度较低，从线程间依赖程度这个角度来看，它们具有较好的线程级并行性。其中 ADPCM 在推测执行时，线程间没有发生任何依赖冲突，因此用∞表示。

（4）加速比。如图 6-1 所示，适合采用数据级并行技术加速的多媒体应用在采用线程级推测并行技术加速时，表现出了与桌面应用不一致的效果：有的程序加速比几乎是随着核数线性增长的，如 ADPCM；有些程序则表现地不尽如人意，如 G721 和 pegwit，其表现出来的程序行为特征几乎与桌面应用无异；而 MPEG2、epic 和 JPEG 的加速比虽然不如 ADPCM 那么惊人，但是 5 倍左右的加速比已经非常理想了。

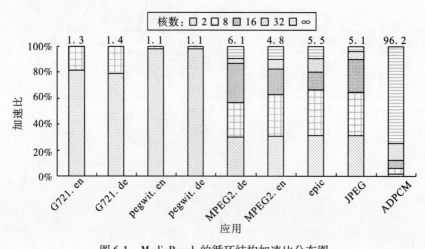

图 6-1　MediaBench 的循环结构加速比分布图

结合前面的性能影响因素分析，可以得出以下结论：①pegwit 几乎没有获得加速既有可推测并行区域覆盖率不高的因素，也有线程间依赖程度过高的因素；而 G721 加速比不高则主要是由于其可推测并行区域覆盖率不到 50%；②MPEG2 和 epic 都属于可推测并行区域覆盖率和线程间依赖程度都比较合适的情况，也由此取得了差不多 5 的加速比；③JPEG 的加速比虽然也是接近 5，但它的原因和 epic 等不同——虽然 JPEG 的可推测并行区域覆盖率和 ADPCM 同为 99%，但是 0.51 的 α 值使得 JPEG 并未能像 ADPCM 一样获得线性加速；④ADPCM 是本实验中唯一获得了线性加速比的程序，其主要原因是它在推测执行时线程间没有发生数据依赖冲突，而 99% 的可推测并行区域覆盖率也使它的最大加速比潜能达到了 96.2。结合 JPEG 来看，可以再一次认识到线程间的数据依赖冲突是影响线程级推测并行性的最重要因素。

综上可以看出，多数多媒体应用还是比较适合采用 TLS 技术来加速的。而这几个程序基本上利用 8 到 16 核来加速就能达到最大性能潜能的 80% 左右，考虑到本书的模型是理想化的，另外，即使采用 32 核也只能再提高 5% 左右的性能，所以从计算资源的利用率出发，认为采用 8-16 核来加速大多数多媒体应用是一个比较合理的选择。

结合第 5 章对桌面应用的分析，也可以看出，本书提出的线程级推测并行性判定准则是相当有效的。不管在传统的分类中的哪类实际应用，只要它满足提出的判定准则，就能通过线程级推测并行技术来加速。

6.3 多媒体应用子程序级并行性剖析

对这几个程序的子程序进行推测后的并行化效果如图 6-2 所示，和对循环结构进行推测的结果大体类似，ADPCM 和 epic 的加速比有所下降。JPEG 和 MPEG2 的加速效果几乎一致，其原因就在于在这两个程序中，循环迭代即子程序调用，所以采用两种方式来加速的实质其实都是利用了循环带来的线程级并行性。ADPCM 在此种方案下只能取得大概 10 的加速比，相对于对循环结构进行推测，性能大大损失。

通过这些比较可以看出，基本上对子程序结构取得较好加速效果的程序，其根本原因还是循环结构的可并行性。因此，把关注的重点放到循环结构上是非常正确的。

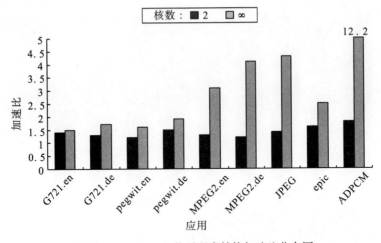

图 6-2 MediaBench 的子程序结构加速比分布图

6.4 小结

通过对多媒体应用进行剖析，可以得到如下几点。

(1) 大多数多媒体应用还是比较适合采用线程级推测并行技术来加速的，这些程序本身具有的数据级并行性可以有效转化为线程级并行性。另外，这些程序的结构规整，也非常容易实现良好的线程划分方案。

（2）采用 8-16 核的加速方案，可以使大多数多媒体应用程序达到最大加速比的 80% 左右，这说明了大部分该类应用能够有效利用 8-16 核的计算资源。这也为现在的多核芯片如何利用自身丰富的计算资源提供了一些提示和思考。

（3）该类应用适合采用加速循环结构的方案。

第7章　高性能计算应用的推测并行性分析

7.1　高性能计算应用简介

  SPLASH（Stanford Parallel Applications for Shared Memory）是由斯坦福大学开发的测试一致性共享地址空间的机器的 benchmark。其最新版本是 SPLASH2，由两部分组成：4 个核心（kernel）程序和 8 个应用（application）程序。代表了科学、工程计算，图形方面的应用。它主要用于分析并行计算中的负载平衡问题，计算访存比问题，工作集大小问题，空间局部性问题，以及如何将问题的计算规模与处理器的数目相匹配的问题。

  表 7-1 详细说明了本次实验从 SPLASH2 benchmark 中选取的应用名称、所用的输入集规模和应用说明。这 10 个程序分别是 4 个 kernel 程序（快速傅里叶变换（FFT）、LU 分解、Cholesky 分解和整数基数排序（Radix）和 6 个应用程序（地震波模型的 N-体系统算法（Barnes）、海洋模拟（Ocean）、踪迹 r 光线跟踪器（Raytrace）、阶层式辐射成像算法（Radiosity）、尺度建模和计算领域的自适应的快速多极算法（FMM）和水波模拟（Water））。考虑到计算量的问题，本实验基本采用了比默认输入集更大的规模进行剖析。

表 7-1　SPLASH2 评测程序说明

程序名	输入集规模	应用说明
Ocean	210	Ocean Simulation
Raytrace	teapot. env	Ray Tracer
Radiosity	default	Hierarchical Radiosity
Water	default	Water Simulation
Barnes	default	gravitational N − body simulation
FMM	input. 16384	Adaptive Fast Multipole
FFT	222	Complex 1D FFT
LU	210	Blocked LU Decomposition
Cholesky	tk29. 0	Blocked Sparse Cholesky Factorization
Radix	220	Radix Sort

  选择这 10 个程序是基于如下考虑：①这 10 个程序都是非常重要的高性能计

算应用,如快速傅里叶变换 FFT 等;②这些程序都是用来测试机群性能的,本身就具有较好的线程级并行性;③通过对这类应用进行分析,也可以探讨一下将传统机群上的并行程序平滑移植到多核芯片中运行的可能性和存在的问题。

7.2　高性能计算应用循环级并行性剖析

SPLASH2 中这 10 个程序的推测并行性能影响因素如表 7-2 所示。其中 Ocean、LU 和 Water 也和第 6 章一样,分别有两种实现方式,本书分别用了后缀对其进行区分。

(1)可推测并行区域覆盖率。从表 7-2 可知:Cholesky 和 Raytrace 的可推测并行区域覆盖率偏低;Radiosity 和 Ocean 的覆盖率尚可;而其余的几个程序的可推测并行区域覆盖率几乎能达到 100%。从这一点来看,多数程序都具有较大的可并行潜能。

表 7-2　SPLASH2 的推测并行性能影响因素

程序名	可推测并行区域覆盖率	加权平均线程粒度	加权平均线程间数据依赖程度
Cholesky	51%	3.2×10^4	0.49
Raytrace	45%	2.5×10^2	0.69
Radiosity	70%	2.1×10^6	0.72
Ocean.con	84%	1.9×10^2	0.91
Ocean.non	86%	2.0×10^2	0.87
FFT	99%	7.7×10^2	0.66
LU.non	98%	5.4×10^2	0.70
LU.con	99%	3.5×10^3	0.70
Radix	99%	1.2×10^2	0.18
Barnes	99%	1.4×10^5	0.95
FMM	96%	9.4×10^3	0.67
Water.s	98%	4.2×10^3	0.42
Water.n	97%	3.1×10^3	0.66

(2)加权平均线程粒度。就线程粒度而言,除了 Radiosity 的线程粒度太大容易造成缓存溢出,其他程序的粒度都还比较合适,处于 $10^2 \sim 10^4$ 的量级,当然,Barnes 的线程粒度稍微有点大,但仍然在可接受的线程粒度极限范围之内。

(3)加权平均线程间数据依赖程度。从 α 值的大小来看:最低的是 Radix,仅为 0.18;Cholesky 和 Water.s 的依赖程度也比较严重,α 值都在 0.5 以下,也会对程序性能产生较大影响;依赖程度适中的程序分别是 Raytrace、Water.n、

FMM、Radiosity、FFT、LU. non 和 LU. con；而 Ocean. non，Ocean. con 和 Barnes 的线程间依赖程度较轻，其中 Barnes 的 α 值为 0.95，意味着在推测线程间几乎没有发生依赖。

（4）加速比。如图 7-1 所示，高性能计算应用也表现出了适用 TLS 技术加速的一面，虽然 Raytrace、Radix、Cholesky、Water. s 和 Radiosity 的加速比都不高，但是 Ocean. con、FFT、Ocean. non、FMM 和 Water. n 的最大加速比基本都为 5 ~ 7；而 LU. non 和 LU. con 的加速比都在 10 以上，更让人惊喜的是 Barnes 类似于多媒体应用中的 ADPCM 程序，其加速比随着核数增加到 128 核时仍然是一个线性增长的趋势。

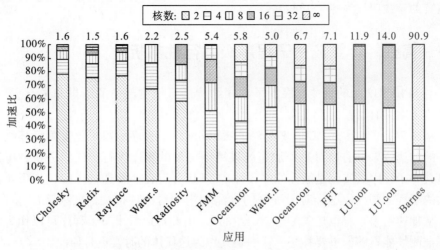

图 7-1　SPLASH2 的循环结构加速比分布图

通过对它们进行仔细分析，也可以得出：①Raytrace 和 Cholesky 都属于可推测并行区域覆盖率过低的情况；而 Radix 虽然拥有 99% 的覆盖率，但是其线程间的依赖程度非常严重，因此加速比也不高，从源代码分析来看，采用递归算法是引起它们依赖严重的一个重要原因，由此可以看出递归结构的程序不适于采用线程级推测并行技术来加速；②影响 Radiosity 推测性能的主要因素是其 70% 的可推测并行区域覆盖率；而 Water. s 则因为其 α 值过小导致加速比不高；③Ocean. con、FFT、Ocean. non、FMM 和 Water. n 的最大加速比基本为 5 ~ 7，原因在于它们都属于拥有高覆盖率和适中依赖程度的程序；④对于 LU. non 和 LU. con，它们的依赖程度比前述 5 个程序更轻，同时也拥有非常高的可推测并行区域覆盖率，因此它们的最大加速比都大于 10；⑤Barnes 类似于多媒体应用中的 ADPCM 程序，其加速比随着核数增加到 128 核时仍然是一个线性增长的趋势，其原因就在于它们基本符合本书所提出的线程级推测并行性判定准则。

在这些程序中，除了部分最大加速比比较低的程序不适于采用 TLS 推测执行，从硬件的利用率和加速比率分布来看，Ocean. con、FFT、Ocean. non、FMM和 Water. n 在采用 16 核加速的时候，这些程序都能达到 4～6 的加速比，相对于采用 32 核加速的方案，其硬件的利用率大大提高；而对于 LU. non 和 LU. con，从加速比率分布来看，在采用 16 核时几乎已经达到了采用 TLS 技术性能的上限，所以对于 LU 分解，采用 16 核加速几乎是一个完美选择。因此，对于大部分高性能计算程序，采用 16 核加速是一个较为理想的选择。

另外，对于 Barnes，在本书的理想模型下，它大概在 400 核的时候才达到性能的上限值，但是由于模型是比较理想化的，在核数达到 64 核(8 乘以 8 的交叉开关)以上之后核间的通信开销就完全偏离了所提出的同步通信模式，所以认为其适宜的核数应该为 64～128。

7.3　高性能计算应用子程序级并行性剖析

对 SPLASH2 中的这些程序的子程序结构进行推测剖析的结果非常有意思，对推测方案又有了新的发现。

从图 7-2 可以看出，LU、FMM 和 Radiosity 几个程序取得了比推测循环结构更好的加速效果。通过对几个加速效果特别突出的程序进行源代码分析，可以看出其中子程序其实就是循环的迭代体(如 LU 分解在一个迭代体中包括了 4 次连续的子程序调用，这样对子程序的推测相当于对循环推测的效果又加速了 4 倍，从加速结果来看也是满足这个推断的)。由此可以看出，子程序可以作为对循环推测性能不够的重要补充，特别是其作为迭代体的时候更是如此。

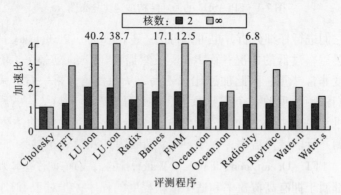

图 7-2　SPLASH2 的子程序结构加速比分布图

7.4　小结

通过对高性能计算应用进行剖析，可以得出以下结论。

（1）大多数高性能计算应用是比较适合采用线程级推测并行技术来加速的。并且通过对这些传统并行程序对应的串行版本的性能加速分析，可以看出将传统的并行程序移植到多核芯片上运行也是可以取得较好的性能的。

（2）多数高性能计算程序采用 16 核加速比较合适；一些特别适合采用 TLS 技术的应用则可以有效利用 64~128 核及以上的计算资源。

（3）在该类应用中，可以结合程序结构的特点考虑循环和子程序结合的推测执行方案。

第8章　总线式推测多核结构体系结构设计

为了寻找高效的推测多线程实现方案，分析推测多线程技术的优势和不足，同时也为了给软件并行优化系统提供执行平台，本书设计了 SPoTM 推测多线程体系结构模型，并完成了它的模拟实现。

SPoTM 基于事务存储实现推测执行机制，通过硬件自动完成事务内读操作地址的跟踪，写操作结果的缓存，实现了线程乱序执行、顺序提交、冲突检测和推测失败后回退等功能。在本章的前三节中，将分别阐述 SPoTM 的结构模型、线程执行模型和编程模型。在本章的后半部分，将介绍专为 SPoTM 开发的两个模拟工具 FastTM 和 Sim-SPoTM。

8.1　结构模型

图 8-1 显示了 SPoTM 设计中的单核结构模型和片上多核互连模型。单核模型的核心是事务存储模型的硬件实现，它包括处理器核私有的一级数据 Cache、推测写缓冲、推测控制逻辑等。多个处理器核共享片上二级 Cache 和共存，三者之间通过三条片上总线进行通信。

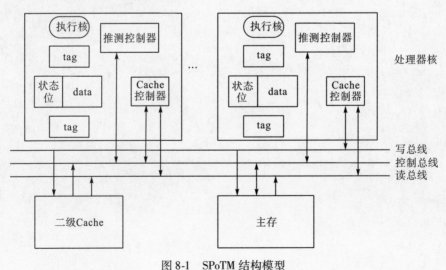

图 8-1　SPoTM 结构模型

8.1.1　一级数据 Cache 设计

处理器核私有的一级 Cache 包括指令 Cache 和数据 Cache。数据 Cache 采用写回（writeback）和写分配（write-allocate）策略。数据 Cache 内部集成了失效缓冲队列（MSHR），因此能够支持非阻塞读/写，即在已经发生失效的情况下，仍能支持后续读/写指令继续访问 Cache 并获得数据。出于多核实现的需要，数据 Cache 提供了两组 tag，分别用来响应来自执行核的请求或者侦听总线上的消息。这种分布式设计提高了 Cache 的访问速度，不过为了维护两组 tag 的一致性，一个周期内只允许修改其中一组。

私有数据 Cache 提供了硬件事务存储的基本功能，核心是读操作地址记录和写操作结果缓存。访存地址通过修改所访问的 Cache 行状态位来记录，和普通写回 Cache 相比，新增加的状态位包括如下几部分。

（1）推测读状态位 SL：置 1 表示该行的数据曾被处理器推测读取过。

（2）已修改状态位 D：行内每个字都拥有一个独立的已修改状态位，置 1 表示该字被修改，整个 Cache 行可能需要写回。

以上两种状态位，加上传统的行有效位 V，就可以完成记录推测访问的任务。而写回机制的使用，使 Cache 本身就具备缓存写操作结果的功能。

数据 Cache 结构上的另一个关键扩展是推测写缓冲的加入，它的作用是协助 Cache 缓存推测写的结果。当一个标记为已修改的行被换出时，由于处理器核处于推测状态，事务存储机制不允许它写入下级存储，所以这个行将被放入写缓冲中。写缓冲是一个先入先出（First Input First Output，FIFO）队列，它的每一项和 Cache 行的结构基本相似，也拥有相应的状态位，只是它的访问方式类似全相联 Cache。

Cache 控制器负责向读总线发访问请求，并接收数据；当处理器核被允许提交时，它会在写总线上放 Cache 行地址，并发送数据；推测状态下，它还负责侦听写总线上的广播地址，并检查是否在本地命中，根据推测状态位的值决定是否发生依赖冲突，如果发生冲突则向推测控制器发送取消信号。

8.1.2　推测控制器设计

推测控制器是指位于处理器和控制总线之间的一组与推测相关的寄存器和控制逻辑，寄存器包括线程号寄存器、推测状态寄存器、恢复上下文缓冲等。线程号寄存器用来保存当前处理器核上运行线程的序号，这个序号在推测线程初始化时分配。原来的串行线程称为主线程，其线程号为 0，其他新产生线程的序号顺序累加。推测状态寄存器其实是一个标志，用来记录当前核上的线程是否处于推测状态。这个标志将决定 Cache 控制器在执行访存时会采取的动作，如是否设置行推测状态位，是否允许写回等。恢复上下文缓冲是一个寄存器文件，它是结构寄存器集合的一个备份，结构寄存器集合也包含了 PC，栈指针（SP）、全局指针（GP）。当线程将要进入推测状态时，由推测控制逻辑设置推测状态寄存器，并将结构寄存器的内容备份到恢复上下文缓冲中。这将作为线程取消后重新开始的检查点。发生依赖冲突后，Cache 控制器将发送冲突信号给推测控制器，后者暂停处理器的执行，把恢复上下文缓冲中的内容导入结构寄存器集合，回退执行状态到最近的检查点。推测控制逻辑还负责控制总线的访问，包括侦听总线上的线程序号消息，判断自己是否可以进入非推测状态；以及递增自己的线程序号作为提交令牌，通过控制总线广播给其他处理器核。

8.1.3　总线设计

处理器片上共设计了三条总线，分别是读总线，写总线和推测控制总线。

读总线负责传输每个处理器核上一级数据 Cache 和指令 Cache 向二级 Cache 的读请求以及二级 Cache 返回的数据。它采用请求→仲裁授权→发送地址→接收数据四状态轮转的方式运行，一级 Cache 控制器在请求周期发送自己的线程序号到读总线的请求缓冲，读总线仲裁逻辑在下一个周期选择推测级最低的线程，然后在授权周期广播被允许的线程序号，获得授权的 Cache 控制器将读地址放入总线，同时发送给二级 Cache 和片外存储端口。接下来的周期它将一直独占总线，直到所请求的数据返回。

写总线为非推测线程专用，用来发送写结果给二级 Cache 和片外存储端口。因为 SPoTM 设计当前并不提供线程之间数据的快速传递（forwarding），所以每个处理器核只需要侦听写总线的地址部分即可。

推测控制总线负责在处理器核间和读总线控制器的仲裁单元间传递推测相关消息。除了线程序号部分，它使用的控制信号包括启动执行（SpStart）、传递提交信号（SendToken）、中止（TerminateLoop）、推测线程完成（SpFinish）等。Sp-Start 信号由主线程发出，通知其他辅助线程开始执行，同时发送初始 PC 给它们的推测控制器。SendToken 信号由当前推测线程发出，同时伴随下一个获得提交令牌的线程序号，该序号线程的推测控制器侦听到该信号后会将自己的推测状态寄存器清 0，进入非推测状态。当非推测线程发现执行异常时，如遇到 break 中断（可能来自于原程序中的 break 语句），TerminateLoop 信号被发送，辅助线程全部结束，主线程进入非推测状态执行。SpFinish 信号用来实现循环执行完成以后的同步，由辅助线程发出，主线程接收。

8.1.4 二级 Cache 设计和存储管理

片上二级 Cache 同时容纳数据和指令，在多个处理器核间共享，采用写直达策略处理写访问。

SPoTM 设计中，程序的地址空间如图 8-2 所示。由图 8-2 可知，每个线程拥有自己的独立堆栈。这么做的原因是推测执行条件下如果多个线程继续共享使用原堆栈，那么会因为执行相同代码而经常访问堆栈中的相同地址，这些访问可能针对的只是线程私有变量，可是却引起不必要的依赖冲突。另外每个线程都可能修改栈指针，共享堆栈会引起关于它的数据竞争。为了解决以上问题，辅助线程在推测初始化时会在内存区域中获得一个独立区域，作为线程执行时的私有堆栈。通过将线程私有变量移入分离的堆栈空间，避免了不必要的依赖访问冲突。同时独立堆栈也可以用来存放一些关于推测线程的私有信息。

图 8-2 SPoTM 的全局地址空间分布

8.1.5 执行核设计

SPoTM 设计中每个单核的执行单元都使用了传统的超标量设计。处理器的内部实现包括取指、解码、发射和执行、提交等部件，以及访存端口等。关于它的一些细节在模拟实现时介绍。

8.2　线程执行模型

在 SPoTM 设计中采用固定数目的线程并行执行程序，线程的数目必须小于等于片上处理器核数。执行中每个线程都绑定在一个独立的核上，一般情况下，不进行线程迁移，也就没有线程调度的问题。SPoTM 方案现阶段瞄准的并行对象只限于循环，循环的所有迭代被交替分配到每个线程中。每次迭代的执行可以分成两个阶段，第一个是推测执行阶段，第二个是非推测执行阶段，循环体的代码在这两个阶段中的分布可以是不均匀的，一个阶段可以拥有循环体的全部代码。划分到第一个阶段的代码称做事务，按照推测方式来执行，当事务执行结束后，线程开始等待提交。当它获得提交授权(称做提交令牌)后，事务中的写操作结果将通过写总线广播并传入下级共享存储。提交完毕后，线程进入非推测状态，开始执行第二阶段，此阶段的所有操作都可以正常执行，不必再记录访存操作，直接将结果写入共享存储即可。这个阶段的代码完成后，它将检查循环中止条件，如果还需要继续执行，线程会将拥有的提交令牌传给拥有最近逻辑序的下一个线程，自己重新进入推测状态开始下一迭代，重复上面的过程。图 8-3 描绘了 SPoTM 线程执行模型两个线程在推测成功和推测失败情况下的不同执行情景。接下来分阶段详细描述 SPoTM 模型中线程的执行过程。

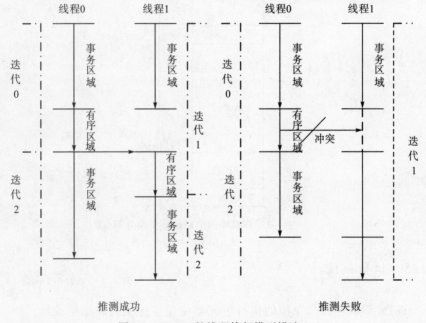

图 8-3　SPoTM 的线程执行模型描述

8.2.1 推测线程初始化

程序执行的开始阶段，只有一个线程在单核上串行执行，这个线程称为主线程。当执行到推测初始化的系统调用后，系统将按照给定的参数产生确定数目的线程，并将它们分配到空闲核上。这些新产生的线程称为辅助线程，处于休眠状态。所有线程都被赋予一个序号，主线程定为 0 号线程，辅助线程的序号依次增加。

8.2.2 推测线程启动

当主线程执行到线程激活系统调用后，它会唤醒休眠的辅助线程，并将系统调用参数中的线程起始指令地址 PC 传递给它们。辅助线程被唤醒后会做一系列初始化动作，设定执行上下文，并保存至硬件提供的恢复缓冲，这作为推测执行的第一个检查点。执行上下文包括所有结构寄存器的状态，初始 PC，栈指针、全局指针等。完成初始化以后，辅助线程到 PC 指向的地址取指，进入推测状态开始执行。在过去提出的一些推测多线程方案中，推测线程是顺序产生的，执行完一次迭代后就结束，一个迭代对应一个线程。而 SPoTM 则不同，它的推测由主线程同时生成，不需要推测线程顺序激发。推测线程根据它的序号决定它要执行的初始迭代，然后按跨步方式执行后续迭代，线程产生后会一直执行，直到循环完成或者异常结束。

8.2.3 推测访存操作的跟踪和记录

线程在进入推测执行阶段后，首先将推测状态标志寄存器置位。按照事务的定义，线程的访存应符合 ACID 性质。对于事务中的每个读操作，如果在一级数据 Cache 中命中，一级数据 Cache 控制器会直接设置相应 Cache 行的推测读状态位 SL，如果未命中，就申请读总线向下级共享存储发出读请求，返回的 Cache 行被换入一级数据 Cache，并设置推测读状态位。对于事务中的每个写操作，因为一级数据 Cache 采用写分配和写回策略，所以 Cache 控制器首先检查是否命中，如果未命中，它需要从下级存储换入该行。在行内相应位置写入新数据后，由于数据 Cache 为行中每一个字都提供了已修改状态位 D，所以只有写地址对应的 D 位被设置。写操作的结果暂时存放在一级数据 Cache 中，接下来对于同一行的推测读，如果访问了行内已经修改的字，将不再设置整个 Cache 行的推测读位。这样能避免迭代内私有变量的依赖冲突。

当一个已修改的行需要被换出时，它的状态位和数据都将被写入一级数据

Cache 提供的写缓冲。此后处理器发出的读/写操作还需要额外访问写缓冲。读/写操作对写缓冲状态的修改和以前对 Cache 行状态的修改完全一样。

写缓冲中能保存的 Cache 行数目是有限的，当写缓冲满了以后，推测线程必须暂停以免溢出。此时，线程将维持当前的 PC，等待提交令牌，直到推测状态标志被清除，才开始向下级存储写回写缓冲的内容。写缓冲排空之后才能在非推测状态下继续执行指令。

可以看出，一级数据 Cache 和写缓冲共同实现了事务所要求的原子性和分离性。

8.2.4　推测线程提交

线程会在两种情况下等待提交令牌的到来：一是事务执行结束后显式地等待提交；二是由于写缓存溢出，线程被迫暂停执行，等待进入非推测状态。线程通过不断检查自己的推测状态标志寄存器来判断自己是否得到提交令牌。当提交控制逻辑在控制总线上发现提交令牌，并且令牌的序号等于自己的线程号时，它会将推测状态寄存器清零，表示自己已经获得提交令牌。

在获得令牌后，线程首先会执行推测写结果的写回动作。因为非推测处理器核自动获得写总线的拥有权，所以它会通过写总线向其他线程和下级共享发出写请求。其他线程所在核的 Cache 控制器会监听写总线上的地址，而下级存储将接收写总线上的数据。需要说明的是，对于写缓冲满造成的暂停，线程得到令牌后只是先排空推测写缓冲。线程在执行完事务以后，才会检查 Cache，将所有标记为已修改的行写入共享存储。提交过程中还要做的动作是清除 Cache 行的标记，包括 D 位和 SL 位。一般来说，提交过程的开销是相当大的。

在事务提交后，线程在正常状态继续执行事务后面的代码，直到迭代完成。迭代完成后，线程将传递提交令牌给逻辑序相邻的下一个线程，并保存当前执行的上下文到恢复缓冲，作为一个新的检查点。之后再次设置自己的推测状态寄存器，进入推测执行。

线程在运行时的逻辑序通过它们执行的迭代间的相互顺序来确定，当前处于非推测状态的线程执行的迭代最早，推测级最低。设非推测线程序号为 pid，那么推测级由低到高排列的顺序是 $(pid + i)\% \text{ NUM\_THREADS}$，$i = 0, 1, \cdots$。

8.2.5　推测线程冲突检测和错误恢复

推测执行的串行语义，也就是事务的一致性，通过基于无效的 Cache 一致性协议和运行时依赖冲突检测来维护。当写总线上出现一个地址时，推测线程所在核的 Cache 控制器会检查 Cache 和写缓冲是否命中，并做以下动作。

（1）首先检查地址是否命中，未命中则无须处理。

（2）假如地址命中，检查所命中 Cache 行的状态位：①如果推测读位 SL 和已修改位 D 都未设置，那么清除该行的有效位 V；②如果推测读位被设置，那么说明它已经提前访问了一个正提交的逻辑序较早的线程修改的地址，使用了错误的数据，这违反了写后读（RAW）依赖，推测线程的执行是错误的，需要取消；③如果 Cache 行某些字的已修改位被设置，但并不是所有字都被修改过，考虑到写回是以 Cache 行的长度进行的，为了维护一致性，还是要将线程取消，因为虽然 Cache 行可能没有被处理器读，但是只要被载入私有 Cache，且某些字未在本地修改，再写回共享存储时还是有可能引起写后读依赖冲突；④如果 Cache 行内所有字的修改位都被设置了，这不会再引起依赖冲突，也就不需要额外处理。

SPoTM 的冲突检测机制因为采用了事务存储的支持，所以具有两个不同于其他推测多线程方案的特点：第一个是在侦听写总线上的写访问时，不需要进行线程推测级的比较，因为只有非推测线程才有可能访问写总线，这降低了写总线所需要的带宽；第二个是事务存储隐式消除了读后写和写后写依赖冲突的可能，不需要在运行时检测。

当 Cache 控制器检测到冲突，要取消执行重新开始时，它做的动作如下。

（1）发暂停信号给处理器，停止后者的执行。

（2）取消所有 Cache 行的推测状态，具体是清除所有推测读标志 SL，将所有已修改标志置位的行和当前冲突行无效化。

（3）清除推测写缓存。

（4）用恢复缓冲中的内容恢复执行上下文，回退到上次检查点保存的执行状态。

（5）等待提交令牌，失败的线程直到变为非推测状态后才会重新开始执行。

8.2.6　推测循环结束

每个线程在执行完当前迭代后，会自行检查循环中止条件是否已经满足。如果条件满足，原来的主线程（线程 0）会暂停，等待其他线程的结束。辅助线程会申请控制总线，发送自己的线程号和完成信号给主线程，之后进入休眠状态。主线程所在核收到所有辅助线程的完成信号后，开始独自执行并行循环之后的串行代码，直到再次遇到并行循环。

8.3　编程模型

本书还设计了一个基于循环并行的推测多线程编程模型，作为软件并行优化系统与 SPoTM 执行平台的接口。

编程模型指的是设计程序时，数据组织和语句执行流程要遵守的基本模式。编程模型的设计一方面应当符合底层硬件平台的运行特征，另一方面也应该易于表达应用。评价一个编程模型的优劣，主要是看通过它建立起来的应用和底层平台间的映射，也就是程序是否能够比较容易地发掘性能，而这个映射过程，也就是编程是否比较简单。广义的编程模型可能包括编程语言、编译器、运行时库等。

因为 SPoTM 推测多线程系统当前只针对用 C 语言开发的应用，所以它沿用了 C 语言的函数式编程模型，只是在其上进行了部分改动和扩充。编写程序仍然依照传统的串行模式，不同之处在于需要调整拟并行部分的流程和数据结构，在适当位置增加对推测线程库的调用来和底层平台交互。程序员并不显式并行程序，也不需要考虑线程间的同步问题，底层平台会根据程序中的推测指令和相关系统调用来自动推测执行。除了递归，程序执行的大部分时间都花费在循环结构上面，从性价比的角度考虑，SPoTM 暂时只提供了对循环的并行化支持。循环的迭代(iteration)将作为线程的来源，具体的实现方式是每个线程将以固定的跨步(stride)执行迭代，这个跨步就是线程的总数，假设迭代编号和线程序号都从 0 开始，设线程 P 的序号为 pid，它执行的迭代可以表示为 $pid + NUM\_THREADS * I$，$I = 0, 1, 2, \cdots$。例如，线程 0 执行索引变量 i 为 0，4，8，$\cdots$ 的迭代，线程 1 执行索引变量 i 为 1，5，9，$\cdots$ 的迭代，依次类推。

循环的变换主要包括两方面，一方面是对循环体的函数替换，另一方面是对循环内使用的变量声明方式和作用域的改变。SPoTM 编程模型中的循环变换实例如图 8-4 所示。

```
param1.p=0;
lf1_begin=0;
spt_activate(loop_function1);
loop_function1();
spt_wait_all();
```

原循环转化成封装函数调用

```
int l=0;
for(i = 0;i< MAX_ITERATION; i ++)
{
l=0;
for(j=1;j<=3;j++)
{
l +=j;
}
if((iteration_rand[i]))
{
p+=l;
}
}
```

原循环代码

```
void loop_function1()
{
int i;
int begin =lf1_begin+spt_get_tid();
int j=0;
int l=0;

for(I= begin; i < MAX_ITERATION; i
+= NUMBER_OF_THREADS)
{
l=0;
for(j=1;j<=3;j++)
{
l+=j;
}
if((iteration_rand[i]))
{
param1.p+=l
}
SPT_END_TRANSACTION;
SPEC_END_ITERATION;
}
spt_halt();
}
```

封装函数

图 8-4　SPoTM 编程模型中的循环变换实例

8.3.1　推测封装函数

在 SPoTM 编程模型中，一个循环被选定为推测并行目标后，它的循环体代码将被取出，放入一个专门为它定做的函数里。这个只包含了该循环的函数称做推测封装函数。原来程序中循环的部分，将被推测封装函数的调用所替代。程序经过一次函数调用后，才会跳到循环部分的代码执行。每个线程都会分别调用封装函数，封装函数内有分配给它执行的迭代。循环是否完成由线程自行检测循环中止条件来判断。

使用封装函数的目的是将推测线程的代码和循环所在函数的其他部分隔离开，使它在执行时不需要访问原来循环使用的堆栈帧。如果不通过封装函数跳转到一个新的栈帧，那么所有线程将继续共同使用原来循环所在函数拥有的栈帧，这种共享会带来不必要的数据访问冲突，如是由循环内的迭代依赖引起的。当然也可以通过把原栈帧复制到线程各自独立的栈空间中消除伪依赖，但是这种复制会给线程的初始化增加巨大的开销，引起的性能损失是推测多线程方案不能承受的，因此选择在编程阶段稍微增加一点复杂度，以减轻运行时的负担。同时为了避免访问主线程的栈帧，推测函数不应该有输入参数或者返回值，只需要作为指针即代码段的一个地址传递给推测线程即可。

循环移动到推测封装函数内部后，需要进行的改动非常简单。除了在循环前加入必要的变量初始化，最主要的是对循环三要素进行调整。

（1）索引变量的初始值用一个 begin 变量来代替，begin 变量的值等于原循环初始值 original_begin + pid * original_stride。

（2）新的循环跨步 stride = NUM_THREADS * original_stride。

（3）循环中止条件不需要改变。

8.3.2　变量声明调整

变量声明调整的动机是保留线程间必要的依赖，维护正确性，同时去掉不必要的依赖，提升性能。因为 C 语言的被调用函数（callee）一般不能访问调用者（caller）的堆栈帧（不包括对实参的访问），所以封装以后循环体内的局部变量有两种选择，或者转为全局变量，或者重新声明为封装函数内的局部变量。保守的方式是全部声明成全局变量，所有依赖都会保留，不会有正确性的问题。但是在 8.3.1 节已经提到，对于一些迭代内私有变量，它们的活跃期只限于一次迭代，如果当成全局变量，放到数据段，推测线程对它们的访问可能会引起不必要的依赖冲突，导致线程重启进而影响性能。因此，本书将循环内使用的变量按作用域进行了分类，采取了不同的声明调整方式。

循环内使用的变量可以分为 5 类，在推测函数封装后需要进行不同的处理。

（1）全局变量：无须改动。

（2）带有迭代间依赖的局部变量：为了实现线程间的共享，需要改造成全局变量，因此它们需要在循环原执行点，也就是封装函数调用点前，利用原来函数的局部变量值初始化，并且在执行返回后再更新这些局部变量。

（3）循环前初始化迭代内只读的局部变量：对于这一类变量，用（2）类的方式没有正确性问题，但是冲突检测的时候可能发现伪依赖，为了避免这种情况，尽量要把这种不会发生依赖的变量隔离开，不要和那些被读/写的共享变量放在一起，因此这类变量在利用封装函数的参数初始化以后，应该作为封装函数的局部变量。

（4）迭代私有变量（迭代内自定义）：可以直接用封装函数内局部变量来实现。

（5）循环索引变量：对于 for 循环的索引变量，它是确定产生迭代间依赖的，但是由于变化规则是可以预期的，所以也可以局部化，通过使用新的跨步和初始值来建立每个线程各自的循环索引量。

另外，为了使变形后的代码容易理解，把新增的全部变量封装到一个结构中，并按照推测封装函数的名字进行相似命名。

8.3.3　推测库函数

完成了函数封装和变量调整之后，接下来需要做的就是插入推测函数库的调用，作为运行时软硬件的通信接口，以便底层执行平台采取相应的动作。常用的推测宏和库函数有以下几种。

（1）spt_end_transaction：事务结束宏，表示线程的当前事务已经执行完成，开始等待成为非推测线程之后提交。

（2）spt_end_iteration：迭代结束宏，表示线程正在执行的迭代已经完成，将进入新的迭代，这里作为线程下次遇到冲突时的重启点，硬件将保存当前的执行上下文。

（3）spt_terminate_iteration：迭代中止宏，用来非正常结束当前迭代，相当于 continue 语句的推测实现。

（4）spt_terminate_loop：循环中止宏，用来非正常结束当前循环，相当于 break 语句的推测实现。

（5）spt_wait_token( )：等待提交令牌函数，暂停线程执行，等待进入非推测状态。

（6）spt_release_token( )：释放提交令牌函数，将提交令牌传给执行下一个迭代的线程，自己进入推测状态。

（7）spt_halt( )：循环完成函数，用来在循环完成后释放提交令牌，同时通知主线程，当前线程已经完成。

（8）spt_wait_all( )：同步函数，由原主线程在循环结束后执行，等待其他线程完成。

（9）spt_get_tid( )：取线程号函数，返回值为当前线程的序号，在循环初始值计算和主线程辨别中使用。

（10）spt_activate(void * pc)：推测线程激活函数，参数为推测封装函数的地址，运行时执行该调用，原来休眠状态的辅助线程将初始化上下文，从参数给定的 PC 进入推测执行。

（11）spt_init( )：推测初始化函数，是整个程序的推测初始化函数，负责产生辅助线程，辅助线程开始后都暂时处于休眠状态，直到 spt_activate 被调用。

（12）spt_finalize( )：推测结束函数，辅助线程将被结束并释放资源。

8.3.4　补充和评价

对 SPoTM 编程模型的介绍需要补充的几点如下。

首先，前面的并行化对象都是 for 循环，没有考虑 while 循环的问题。其实编程模型对 while 循环的并行化也提供了支持，它们的区别在于 while 循环没有显式的索引变量。因此，如果不能识别出相应索引变量，while 循环结束条件表达式中使用的变量可能需要全部全局化，同时结束条件的判断也最好放在进入非推测状态之后，以减少依赖冲突的发生。

其次，从使用封装函数的方式来看，函数调用的并行化也能轻易地被 SPoTM 编程模型实现，即主线程进入推测状态执行调用返回后的代码，而启动一个辅助线程执行函数调用，只要把封装函数换成被调用函数即可。没有这么做的原因如下：首先函数调用推测执行引起依赖的概率相对比较高，返回值就是一个必定含有依赖的地方（Hu et al.，2003）；如果函数没有返回值，调用后的代码作为推测线程后其粒度也很难控制，而基于事务存储的实现对线程粒度的要求相对较高；同时函数调用方式最多只能提供两个并行线程，不具有很好的可扩放性，从性价比的角度考虑，本书暂时没有考虑推测并行函数调用。

还需要仔细考虑的问题是循环中出现异常控制流的情况。简单的例子是 continue 和 break 语句的使用，SPoTM 编程模型提供了相应的库函数支持，在代码变换时需要将它们分别用宏 spt_terminate_iteration 和 spt_terminate_loop 代替。比较麻烦的情况是循环体内含有 return，并且带有返回值。因为它不仅像 break 语句那样中止循环，同时还要结束循环所在的函数，并且传回返回值。解决的办法略为复杂，首先要声明一个全局结构，存放返回值和异常返回标志，在循环体中将 return 用 break 替换，还要填写返回值和异常返回标志到全局结构中。再推测封装函数调用，后面紧接着加入一条判断语句检测标志，如果封装函数异常返回，则返回全局结构中的返回值。

8.4　小结

在本章中，首先介绍了 SPoTM 的结构模型和线程执行模型，可以看出，SPoTM 基于事务存储的设计比其他推测线程结构简化得多，基本不存在集中访问部件，因为扩展性较好。SPoTM 编程模型作为传统串行模型的一个扩展，实现简单，它对多线程并行程序设计的简化是非常明显的。它充分利用底层推测硬件的特点，使程序员不需要经过复杂的程序分析和变换就可以得到正确的并行化代码。同时，该编程模型还能够使用传统编译工具提供的分析信息来优化并行代码以提高性能。另外，它也能够处理原串行程序那些复杂控制流，不会造成推测执行错误。

第9章 总线式推测多核模拟器实现

9.1 功能级验证工具设计

从结构模型的提出，到软件环境的建立，直至底层执行平台的模拟实现，SPoTM 推测多线程体系结构已经形成了一套较为完善的系统。SPoTM 推测多线程体系结构拥有两套独立完整的验证平台，一个是基于程序运行时插桩的功能级模拟工具 FastTM，另一个是时钟周期精确的 C 模拟器 Sim-SPoTM。

SPoTM 的应用开发和模拟执行环境可由图 9-1 概括，它包括以下几个模块。

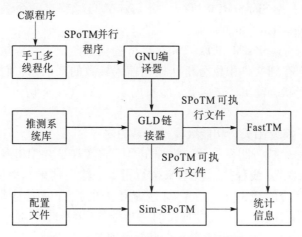

图 9-1　SPoTM 的应用开发和模拟执行环境

程序设计语言：SPoTM 的程序设计语言为标准 C 语言，SPoTM 的编程模型现在还不能支持推测多线程和普通多线程库（如 Pthread）的混合编程，编写程序的方式应该是串行程序加推测库函数。

推测系统库：程序和底层推测执行平台通过推测系统调用和指令集扩充的推测指令实现，系统调用和推测指令被推测系统封装，提供给程序设计者使用，程序设计者依照 8.3 节中的编程模型调整串行程序，在适当的位置插入推测函数，完成线程划分和线程控制的功能；不过，由于 FastTM 工具的特殊性，所以对于两个运行平台的推测库实现是不同的，Sim-SPoTM 库是一个完整的实现，而 FastTM 库的大部分内容被直接移到模拟工具自动执行，指令和系统调用不需要显式出现在生成的可执行程序中。

编译器：SPoTM 使用编译器 GCC（GNU Compiler Collection）为模拟运行平台生成可执行代码，FastTM 使用的版本是目标为 x86 指令集的 GCC-3.2.2；Sim-SPoTM 使用 SimpleScalar 工具集中提供的针对 MIPS 指令集的 GCC-2.7.2.3，其中扩展的推测指令在库函数中由内嵌汇编直接调用，不需要改动原编译器。

配置文件：在运行程序之前，需要先配置 SPoTM 平台的结构参数，具体方法是按照规定的格式，将每个参数的值或者选项，填入配置文件，FastTM 和 Sim-SPoTM 在开始执行程序时会根据自己的需要，读取部分或全部参数配置结构，这里也提供了默认配置文件给用户使用。

模拟运行平台：FastTM 和 Sim-SPoTM 都在 Linux 操作系统下运行。

FastTM：用 FastTM 执行一个 SPoTM 目标程序的命令为 Pin-mt-t FastTM-config default.cfg-a.out［arguments］，其中-mt 是通知 Pin 启动多线程插桩支持，-t FastTM 表示 Pin 调用的 Pintool 是 FastTM，default.cfg 是结构配置文件，--后面跟随可执行程序名及其参数。

Sim-SPoTM：用 Sim-SPoTM 执行一个 SPoTM 目标程序的命令为 Sim-SPoTM-config default.cfg-a.out［arguments］。

结果统计：Sim-SPoTM 和 FastTM 在运行过程中会记录线程执行信息和体系结构状态，并保存到文件中供分析，根据输入参数的区别，它们能够支持各种详细程度的执行状态输出，包括流水线每周期状态、Cache 访问记录、线程执行记录等。

在本节中，将介绍关于功能级模拟工具的内容。

FastTM 是一个执行路径驱动的模拟工具，它实现了基于事务存储的推测机制，完全按照 SPoTM 线程执行模型来执行指令，输出结果和提供运行时信息。但是，作为一个功能级的工具，它对性能相关的执行模拟是非常不精确的。FastTM 将 SPoTM 中超标量核简化成每时钟指令数（Instruction Per CycIe，IPC）为 1 的单核，也不模拟访问延迟，因此它只能得到关于线程执行的粗略信息。使用它作为方案的第一步验证，是基于以下原因：首先，一个周期精确模拟器设计难度大，开发周期长，在方案没有基本定型，还需要进行大的调整的情况下，并不适合；其次，即使已经实现了能提供精确性能结果的模拟器，使用起来也并不方便，因为性能模拟的速度非常慢（Huang et al.，1998），往往执行一个标准测试程序需要的时间以天为量级，当需要对编程模型进行频繁调整，或者经常重新并行化程序时，如此漫长的验证周期是不可接受的，而对于 FastTM 这样简单的工具，它能够判断执行模型和程序并行化后的正确性，也能够给出关于线程执行流的信息，在方案设计的初期阶段已经能够满足需要，同时，结构的调整向功能模拟器映射，可以很快完成，功能模拟的速度很快，通过对两个模拟器的比较，FastTM 比 Sim-SPoTM 快两个数量级。

9.1.1 实现环境 Pin

FastTM 是基于指令插桩(instrument)工具 Pin 实现的。为了说明 FastTM 的设计思路和使用方法，需要首先介绍 Pin 这个工具。

Pin(Luk et al., 2005)是 Intel 公司不久前开发的一个动态指令插桩系统，已经被学术界广泛应用于体系结构领域的研究。动态插桩指的是使用者在运行时往可执行程序的任意位置动态插入代码，这些代码用来观察和记录程序的行为，能够完成程序剖析、内存泄漏探测和执行路径生成等工作。Pin 为使用者提供了丰富的应用程序接口(Application Program Interface，API)，这些 API 抽取了硬件平台的指令集信息，能够将程序执行时的体系机构状态如寄存器值作为参数传给插入代码。插入代码也可以利用这些 API 动态调整执行平台的体系结构状态。

使用 Pin 前，需要先编写一个 Pintool，后者相当于 Pin 要执行的插桩命令文件，其实就是一个加入了 Pin 库调用的 C++程序。一个 Pintool 可以分成 3 部分，即 main 函数、插桩函数、分析函数。Pintool 在 main 函数中说明要在什么粒度的代码级别上进行插桩，如指令级，函数级或程序段(section)级。插桩函数用来说明插桩的位置，可选的位置包括指令执行前或执行后，函数调用前或调用后等，另外 Pin 在运行时提供的原程序状态信息作为参数也在插桩函数中声明。分析函数表示的是在插桩点要执行的动作。Pintool 的作用其实就是向 Pin 注册插桩的位置和插入的动作。

Pin 通过运行时代码重写实现透明插桩，Pin 系统包括虚拟机、代码缓存、插桩 API 三部分。Pin 作为应用程序的加载器首先启动，虚拟机负责分析 Pintool 调用的插桩 API，决定要在程序的哪些执行点进行插桩。它会从应用程序的代码段中取出若干条指令，在其中需要插桩的位置插入回调指令，JIT 编译器将这段代码重新编译成 trace，然后放入代码缓存。接下来 Pin 跳转到代码缓存里 trace 的第一条指令地址去执行，相当于把控制权交还给应用程序。应用程序开始执行，当它遇到额外添加的回调指令后，回调指令将使虚拟机重新启动。虚拟机首先保存原程序的执行状态，然后根据回调位置决定执行哪一个 API，并将 API 需要的状态信息作为参数传递给相应的分析函数。生成分析函数的可执行代码，交给分发模块放入代码缓存。虚拟机再次转向分析函数的执行，直到分析函数执行完毕返回控制权。如果在分析函数中有对 API 的调用，那么虚拟机将被激活，根据调用类型，它有可能执行修改原程序状态的任务。在分析函数执行返回后，虚拟机恢复原程序的执行状态，到原程序的代码段取后续指令，插入回调指令，放入代码缓存，重复上述过程。

9.1.2　主要功能

　　FastTM 的主要功能包括两方面，一方面是推测执行多线程程序，输出结果。程序员通过与串行程序的执行结果比较，确定并行化是否维持了正确的语义。在 SPoTM 设计中，FastTM 能够验证程序变换方法和结构模型设计的正确性。另一方面是记录推测线程的执行过程，包括每个线程执行迭代的个数，依赖冲突发生的次数。通过这些数据的分析，一方面能对线程执行模型的效果有一个初步的评价，另一方面能够了解程序的运行特征，如确认频繁引起依赖冲突的访问指令，评价一个循环的并行性等。通过分析这些运行特征，程序员能对原程序结构有更深刻的认识，从而更有效地变换代码，提升性能。

9.1.3　设计方法

　　FastTM 功能模拟器实质上是一个复杂的 Pintool。针对按照 SPoTM 编程模型编写的测试程序，Pin 使用 FastTM 进行插桩，能够模拟出它的推测执行流程。模拟的关键在于选择 SPoTM 程序中哪些位置作为适当的插桩点和在插桩点执行哪些动作。FastTM 选择的插桩点包括推测系统调用和访存指令两类，前者插入的分析函数模拟线程的控制动作，后者插入的分析函数则提供了事务存储的支持。FastTM 中，插桩点和分析函数的对应关系如表 9-1 所示。

表 9-1　FastTM 分析函数列表

插桩点	插桩位置 (before/after)	分析函数
spt_init ( )	after	after_init ( )
spt_activate ( )	before	before_activeate ( )
spt_release_token ( )	before	before_release_token ( )
spt_wait_token	after	after_wait_token ( )
spt_halt ( )	after	after_spt_halt ( )
spt_wait_all ( )	after	after_wait_all ( )
spt_get_tid ( )	before	before_get_tid ( )
spt_terminat_loop ( )	before	before_kill ( )
spt_finalize ( )	after	after_finalize ( )
memory access	before	before_memory_access
	after	after_memory_access

　　在 FastTM 中，本来应该由底层硬件执行的推测系统调用现在由分析函数执

行，因此这些被插桩的系统调用实际上也就不再需要。封装这些系统调用的库函数一部分成为空函数，它们只是作为一个插桩占位点而存在，而另一部分需要稍加改动。

FastTM 中的推测线程由 Pthread 线程实现。分析函数 after_init( ) 执行推测线程初始化，它通过调用 Pthread 库函数 pthread_create 生成新线程。同时，它还会在新线程的堆栈中申请一个区域作为私有的一级数据 Cache。完成初始化以后，这些推测线程将持续检测一个全局函数指针 loop_func 是否为 0。不为 0 则跳转执行 loop_func 函数。

before_activeate( ) 分析函数提取 spt_activate 的 PC 参数（也就是推测封装函数的入口），赋值给全局变量 loop_func，一直在持续检测 loop_func 的推测线程发现它已被赋值，就会开始执行指向的封装函数。

FastTM 模拟了 SPoTM 的控制总线，控制信号的传递和侦听通过 Pthread 线程库提供的一种同步机制——条件变量来实现。线程可以被阻塞在某个条件变量处，当条件变量更新时，线程被自动唤醒。before_release_token( ) 负责在线程间传递提交令牌，它通过设定非推测线程号为下一个线程序号，同时更新条件变量来通知其他线程。没有得到提交令牌的线程执行到 spt_wait_token 时需要暂停，因此 FastTM 的 spt_wait_token( ) 库函数中使用了一个条件变量来阻塞当前线程，如果条件变量被更新，spt_wait_token 就检查当前的非推测线程号是否是自己，不是则继续等待，是则执行其后的分析函数 after_wait_token 以进行提交。after_wait_token 函数将当前线程软件 Cache 中缓存的写结果正式写入其实际地址中，同时检查其他线程的软件 Cache，根据其保存的访问记录，进行冲突检测。

对推测系统调用的插桩主要目的是控制线程的执行，而 SPoTM 方案的核心事务存储是由对访存指令的插桩实现的。对于推测线程，在它执行一条访存指令前，分析函数 before_memory_access 会提前获取访存地址，判断读/写类型。如果是写指令，它会先保存写地址的内容。如果是读指令，它会检查堆栈中的软件 Cache 是否命中，如果命中，它会保存相应地址的内容，并将堆栈中软件 Cache 中的值写入该地址。这样访存指令执行时就可以把所有线程共享的地址空间当成自己私有的 Cache 来访问。执行结束后，写指令需要取写结果到软件 Cache，并恢复地址的原值，读指令只需要恢复原值即可。FastTM 只模拟了事务存储的访存地址跟踪，写结果缓存功能，并不提供延迟数据，因此也不能进行 Cache 性能估计。

9.2　性能级多核模拟器设计

针对多核结构，已经有一些模拟工具被开发出来，如 SESC（Ortego et al.，2005），GEMS（Martin et al.，2005），M5（Nathan et al.，2003）等。不过，这些

模拟器要么不够灵活，要么过于复杂，无法直接应用到 SPoTM 模型上。因此，本书专门开发了 Sim-SPoTM 模拟器作为推测性能模拟的执行平台。它实现了 SPoTM 推测多线程体系结构的所有组成模块，大部分模块的设计精确到微结构级。在执行核内部，它模拟了流水线、保留站、分支预测器等超标量结构的细节，提供了指令在功能部件上的执行时间。在执行核外，它实现了完整的私有一级 Cache 和旁路转换缓冲(Translation Lookaside Buffer，TLB)，除了包含通常的数据、tag、状态位、替换策略、换出缓冲等内容，还提供了支持非阻塞读/写的 MSHR，事务存储需要的推测写缓冲。在多核之间，它实现了时钟精确的读总线、写总线和控制总线。共享二级 Cache 和主存的模拟相对简单，只提供存储功能和访问延迟。

Sim-SPoTM 用来模拟目标程序在 SPoTM 平台上的精确执行过程，包括每条指令在处理器核内超标量结构上的乱序执行，由访存引起的处理器、一级 Cache、二级 Cache 和主存四者之间的数据流动，整个片上多个线程的推测执行和同步。Sim-SPoTM 还自行完成程序从可执行文件到虚拟地址空间的加载，也能够模拟中断的发生，响应和处理中断。通过使用 Sim-SPoTM 执行程序输出结果，可以充分地验证编程模型和结构模型的正确性。

Sim-SPoTM 最主要的作用是评估整个 SPoTM 方案的性能潜力。通过对比 Sim-SPoTM 多核模拟条件下目标程序的推测执行周期数与单处理器模拟条件下的执行周期数，可以获得推测多线程执行的性能提升结果。除此之外，它还提供了执行过程的详细信息，包括处理器核内部的运行状态，Cache 的访问情况，推测线程的宏观表现，通过对这些细节的分析，能够对推测执行后性能的变化原因有更深刻的认识。Sim-SPoTM 的模拟结果对推测多线程实现的各方面，包括应用选择、编程模型设计、并行优化、结构设计调整、参数配置都具有指导意义。

同当前的一些多核模拟器相比，Sim-SPoTM 具有以下特点。

(1)精度高，对处理器核、一级 Cache、片上总线都能做到时钟周期级的精确模拟。

(2)配置灵活，便于评估更广泛的推测多线程微体系结构设计空间。通过修改配置文件中的参数，不需要重新编译模拟器，就能得到不同配置下的执行结果信息。Sim-SPoTM 不仅能在生成后修改各功能部件的执行参数，还支持对底层平台结构和推测执行模型的部分调整。

(3)统计反馈信息丰富，Sim-SPoTM 能提供从程序运行总周期数，线程重启率这样的宏观信息，到处理器核内部流水线每周期状态这样的微观信息，记录和反馈的详细程度可以由配置文件预先设定。

(4)运行速度可以承受，实验表明，Sim-SPoTM 的模拟速度和常用的体系机构模拟器和 SimpleScalar 处于相同量级。另外考虑到推测多线程部分并行的特征，程序员很可能只关心并行部分的模拟，Sim-SPoTM 支持程序串行部分代码的快速功能模拟。这也在一定程度上提高了模拟执行的速度。

Sim-SPoTM 采用执行驱动的方式运行。它首先从可执行文件中载入代码和数据到虚地址空间，然后完成堆栈、Cache、页表和处理器体系结构状态的初始化，接下来进入时钟周期驱动的执行主循环，如图 9-2 所示。

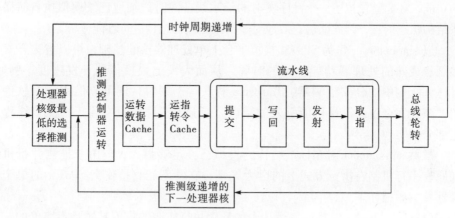

图 9-2　Sim-SPoTM 执行流程

处理器核在每个周期的工作分别包括推测控制器的执行、指令 Cache 和数据 Cache 控制器的执行、流水线的运转三部分。所有处理器核执行完成后，总线模拟开始执行。关于这个过程的详细说明将在接下来的章节中依次提供。

Sim-SPoTM 的处理器单核设计以模拟工具 SimpleScalar（Austin et al.，2002）中的 sim-outorder 为基础，支持多发射、深度流水、分支预测、乱序执行等超标量技术。不过由于 sim-outorder 设计中的一些不足，不能直接作为 SPoTM 模型的推测处理器核。接下来首先介绍 sim-outorder 的优点和缺陷，然后介绍如何调整它以支持 SPoTM。

9.2.1　SimpleScalar 简介与改进分析

SimpleScalar 工具集由威斯康星大学的 Austin 于 1992 年开发，经过不断的版本更新发展到今天普遍使用的 Simple-3.0d。它能够通过模拟执行程序帮助使用者进行性能分析和软硬件功能验证，同时也为不同的体系结构建模和模拟提供了一个基础平台。体系结构研究者也可以通过扩展其中的工具设计来完成新体系结构的模拟任务。它已成为研究界使用最多、最成功的超标量结构模拟器。该工具包支持对多种流行的指令集体系结构的模拟，包括 Alpha、Power PC、x86 和 ARM 等，提供了多个微体系结构模型：从简单的单发射顺序执行结构到复杂的具有多级存储层次的超标量体系结构。

SimpleScalar 工具集中带有一系列模拟器，它们是 sim-fast、sim-safe、sim-

Cache、sim-profile 和 sim-outorder 等。这些模拟器中，既有功能模拟器(如 sim-fast 和 sim-safe 模拟器)，又有性能模拟器(如最复杂的 sim-outorder 模拟器)，而且每种模拟器的模拟性能和精度都有所不同，用户可以根据自己对模拟性能和模拟精度的要求选用合适的模拟器。最复杂的 sim-outorder 模拟器除了正确模拟测试程序的功能，还完整模拟了一个乱序发射的流水线，同时详细地记录模拟执行时微体系结构状态信息，因此能够有效地对复杂微处理器结构进行性能分析。

以 sim-outorder 作为 SPoTM 模拟平台上单处理器核的基础，可以省去开发许多已经成熟的处理器功能单元的时间，从而大大加快模拟器开发进度。例如，微体系结构中的分支预测器、Tomosulo 算法等。同时，还可以借用原有软件框架，减少完全重新设计可能引入的错误，使开发工作能更专注于推测多线程关键部分的实现。

虽然 sim-outorder 对超标量结构的模拟已经足够强大，但由于推测并行机制和原有串行机制在执行方式上的巨大区别，它并不能直接作为 SPoTM 的单个处理器核，原因如下。

(1)sim-outorder 对超标量设计中的乱序执行机制的模拟其实是不完善的。一个超标量的流水阶段可以分为取指、解码、发射到功能单元执行、提交等几个阶段。理论上，指令应该等到依赖关系满足发射到功能单元后才能执行，而实际上 sim-outorder 在解码阶段就完成了指令的计算，之后的阶段只是在模拟乱序执行的延迟。也就是说它的指令执行模拟是顺序的且单周期完成的，而对于流水线内部时序的模拟才是乱序的。也正是由于这个原因，它的指令级推测实现也是不健全的，在解码阶段分支指令的方向和地址就已确定，模拟器会根据分支预测的结果正确与否，决定接下来的执行流在哪个空间内操作，如果预测正确，执行流就正常访问处理器的体系机构状态，如果预测失败，执行流被重定向到一个临时空间，并不修改实际的机器状态，所以在分支预测的延迟结束后，不需要进行错误恢复，直接取消即可。同样的问题还存在于存储访问上，load/store 操作在解码时就从存储系统中得到了它们需要的数据，接下来只是在等访问延迟结束。很明显，在多核情况下，由于多核间同步的动作不能事先决定，这种隐式定序的执行方式不能用于多核模拟。

(2)sim-outorder 的多级存储系统模拟只提供了一个访问延迟计算机制。它的数据不需要通过对 Cache 主存的依次访问获取，在访存指令解码的时刻就已经得到。因此，sim-outorder 其实没有实现完整的 Cache-主存存储系统。想用它的 Cache 作为事务存储的基础是完全不可能的。基于以上因素，对 sim-outorder 的流水线和 Cache 模块进行了重写。

9.2.2　流水线设计

流水线部分负责模拟乱序执行的超标量核，一条指令的处理可以分成取指（fetch）、译码（dispatch）、执行（execution）、提交（commit）四个阶段。在各个阶段使用的数据结构包括取指阶段的取指队列，译码阶段后保存指令的 RUU（Register Update Unit）和 LSQ（Load/Store Queue）；记录可以发射指令的链表 ready_queue，记录完成指令的链表 event_queue；记录结构寄存器依赖的 create_vector。

流水线的时序如下。

(1)RUU_fetch，把预测得到的 PC 赋给取指 PC；根据代码段地址范围和地址对齐格式检查取指 PC 的合法性；如果合法，并且这个周期不是一个取指恢复周期，则用 iCache 行的大小对齐取指 PC，生成数据结构 access_packet，访问 iCache。在 packet 中保留未对齐的原取指 PC。如果访存请求没被阻塞，说明本次取指有效，不需要重发，可以更新至下一 PC。这里并不访问分支预测器，直接使用 notaken 的分支预测方式。

(2)RUU_dispatch，从取指队列中取出指令译码，分析指令属性。如果是控制指令，则访问分支预测器，如果预测结果是分支 taken，那么 fetch 阶段进行的 notaken 预测是错误的，执行取指取消函数 fetch_squash。如果不是分支指令，或者分支预测相符，则分配 RUU，并建立指令间依赖关系。如果是访存指令，那么就要将指令拆成两个，分别放入 RUU 计算访存地址，LSQ 执行访存。如果是控制指令，还要设置当前的推测模式和推测来源指令。最后检查指令操作数是否已经全部就绪，是则将其放入 ready_queue 队列，准备发射。

(3)RUU_writeback，从 event_queue 中寻找完成时间已到且依然有效的 RUU，执行指令。这时分支指令已经得到结果，可以判断分支预测是否正确。如果分支预测失误，那么先调用保留站恢复函数 RUU_recover 取消分支指令之后的所有 RUU，同时恢复结构寄存器依赖表 create_vector。接下来执行 trace_recover 函数，恢复推测状态标志 spec_mode 调用 sim_reset_ifetch_state 取消已发出的 Cache 访问，同时暂停取指若干个周期。最后执行 bpred_recover，执行分支预测有关的状态恢复。如果分支预测成功，就执行 RUU_nomalize。因为模拟支持推测后继续推测，所以，当一条分支指令完成时，只能取消它到下一条分支之间的指令的推测状态。在由尾到头遍历 RUU 队列的时候，清除控制依赖源等于当前分支的指令的推测状态，只要遇到一条指令依赖源不符合，就要重新将 spec mode 置位。执行结果得到以后，RUU 需要检查输出依赖链，将结果通过推测寄存器堆中转，发送到依赖的 RUU 中，如果依赖的 RUU 就绪，则放入 ready_queue。

(4)RUU_issue，依次从 ready_queue 发射有效的 RUU 进入 event_queue，相

当于进入执行部件。只要当前发射带宽还未耗尽，且有相应功能单元可用，就发射，分配功能部件，设置事件延迟，这里实际设置的是指令完成时间。因此在模拟 writeback 阶段时只需要寻找完成时间小于等于当前时间的事件即可。如果指令不能发射，那么重新进入新的 ready_queue 以保证原始顺序。如果发射带宽用完，旧 ready_queue 中还有指令，那么要把它们全部放入新的 ready_queue。在这里，store 操作只要一个周期就可以完成，因为 store 其实都被缓存了，在提交时才真正写出。

（5）LSQ_refresh，负责处理每个周期流水线内部的访存指令间的依赖关系。为了支持流水化的 Cache 访问，必须处理访存指令间的存储地址数据依赖。复杂的机制本应是如果发现未解析地址的 store 操作，就阻塞其后的所有 load 操作。但当前采用 store 阻塞方式，即只有 load 指令间才能流水访问，如果现在有一个 store 还未提交，那么所有 load 都不能进入 ready_queue 队列，即不能发射。

9.2.3　访存设计

Sim-SPoTM 完全重写了 sim-outorder 的 Cache 和访存模块，突出的特点是它能够支持读访问流水化和失效后命中的非阻塞访问。增加的内部数据结构是 MSHR 和数据反馈队列 resp_queue。

访存的流程首先是流水线的取指（指令）、发射（load）、提交（store）三阶段发出请求到 Cache 和 TLB，由函数 Cache_timming_access 实现。Cache 处理请求，将数据填回 RUU 的操作数缓冲。Cache 在每个周期的动作由 Cache_cycle 实现，Cache_cycle 的流程如图 9-3 所示。

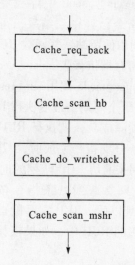

图 9-3　Cache_cycle 的流程

（1）Cache_scan_mshr，检查是否有失效请求需要向下级存储发送。如果读总线空闲且写回缓冲为空，取失效状态缓冲的第一个请求，申请读总线使用权；如果读总线正在发出授权，检查获得授权者是否是自己，是则通过总线访问下级 Cache。需要说明的是，二级共享 Cache、内存都只进行了功能级的实现，访问方式是抢占且阻塞的。

（2）Cache_req_back，本函数负责检查已经满足的失效请求。当连接 Cache 和下级存储的总线 busy 时限到达后，bus_cycle 函数会设置 Cache 的数据就绪状态。Cache 据此认为失效缓冲中第一个请求所需的数据已经返回，它将返回的数据换入 Cache。根据读/写指令的不同，它会分别处理。对于读指令，它会将数据放入数据反馈队列 resp_queue。对于写指令，因为采用的是写分配方式，所以失效写其实等于一个读请求，本函数只要向写请求的 RUU 发出允许信号，后者将在下个周期执行命中的写访问。

（3）Cache_scan_hb，本函数返回读访问请求的数据到处理器。它检查 resp_queue 项的响应时间，处理那些返回时间到达的，包括取指访问和 load 访问。对于取指，它将把那些取指 PC 及其后面的指令放入取指队列，直到队列满。对于 load 指令，它发出就绪信号使对应的 RUU 进入 event_queue。

（4）Cache_do_writeback，当 Cache 行替换导致一个被写过的行换出时，这个行需要被写入下级存储。此时一个写回缓冲满 wb_full 标志被设置。Cache_do_writeback 将检查标志，并使用和读失效请求相同的端口申请总线访问内存。一个写回必然是一个 Cache_req_back 的后续动作，写回优先于失效读，所以写回请求和失效读请求永远不会同时发出。

关于访存处理的详细过程如下。

1. RUU_fetch 阶段发出取指请求

1）iTLB 失效

TLB 将响应这个请求，从页表中取回相应项。同时，它调用 callback 函数，暂停流水线若干周期，并要求这个取指访问重新发出。

iCache 检测到 iTLB 返回 miss，它返回 deny 标志给取指部件。

流水线中取指部件检测到 deny 标志，将不更新取指 PC，以使这个取指请求能被重新发出。

2）指令 TLB 命中

TLB 返回物理地址给 iCache。

（1）iCache 失效。

①MSHR 满：此访问不能被指令处理，它将返回 deny 标志给取指部件，要求它在下周期重发这个请求，取指部件动作同 1）。

②MSHR 不满：iCache 将处理这个请求，它将在数据从下级 Cache 返回的时候回填取指队列，取指部件更新取指 PC，在下周期继续发出新的取指请求。

（2）iCache 命中。

iCache 将直接回填取指队列。取指部件动作同②。

2. RUU_isuue 阶段发出数据读请求

1）iTLB 失效

（1）发出请求的 RUU 为推测状态。

TLB 不响应这个请求，它不会为推测指令停止流水线。同时它也不允许这个访问被屡次发出，占用资源（资源和 RUU 是独立的，在这种情况下，资源可能被一个重复发出访问的 RUU 全部占据）。因此它将设置此 RUU 的 blocked 标志，要求它暂停发出。

dCache 检测到 TLB 失效，将返回 deny 标志给 RUU。

RUU 检测到 deny 标志，中止当前这个 RUU 的后续发送（可能有多个包），将这个请求继续放回就绪队列 ready_queue，至于它下次能不能发出，暂不考虑，因此它和 dCache 都不检测 blocked 标志。但是其他 RUU 满足条件的 load 仍可以发出。

（2）发出请求的 RUU 为非推测状态。

dTLB 将响应这个请求，并暂停流水线，它允许这个 RUU 在流水线重启以后立即发送，因此不会设置 blocked 标志。

dCache 检测到 TLB 失效，将返回 deny 标志给 RUU。

RUU 检测到 deny 标志，当前 RUU 做和（1）相同的动作，区别是因为流水线被阻塞，其他 RUU 的 load 也不能再继续发送。

2）dTLB 命中

TLB 返回物理地址给 dCache。

（1）dCache 失效。

①MSHR 满：此访问不能被 dCache 处理，它将返回 deny 标志给 RUU，要求它在下周期重发这个请求，RUU 动作同（1），不过即使其他 RUU 仍发送，也将被拒绝。

②MSHR 空闲：dCache 将处理这个请求，它将在数据从下级 Cache 返回的时候回填 RUU 数据域，并将它放入 event_queue，发出访问的 RUU 不做后续动作，其他如常。

（2）dCache 命中。

dCache 将把数据填入数据反馈队列，在下个周期返回给流水线。发出访问的 RUU 不做后续动作。其他如常。

3. RUU_commit 阶段发出数据 store 请求

1）dTLB 失效

dTLB 将响应这个请求，并暂停流水线，dCache 检测到 TLB 失效，将返回 deny 标志给 RUU。RUU 检测到 deny 标志，当前 RUU 停止动作，不会释放

RUU，将在重启后继续发出请求。

2）dTLB 命中

TLB 返回物理地址给 dCache。

（1）dCache 失效。

因为采用写分配策略，所以需要先从下级 Cache 读数据。

①MSHR 满：此访问不能被 dCache 处理，它将返回 deny 标志给 RUU，要求它在下周期重发这个请求，RUU 中断本周期的动作。

②MSHR 空闲：dCache 将发送信号组织设置 store 指令提交，当从下级 Cache 取回数据后，再允许它发送，这时也会返回一个 deny 给 RUU，它会把这个请求放入 MSHR 处理，虽然命令是写，但执行的是读，真正的写在命中时进行，发出访问的 RUU 中断本周期的动作。

（2）dCache 命中。

dCache 收到数据，返回接受请求标志给 RUU，同时写入数据，并设置已修改 D 标志。

RUU 认为访问完成，释放资源，这条指令正式完成。

9.2.4　多核模拟方式

从图 9.3 可以看出，在每个时钟周期中，每个处理器核的动作被依次模拟，出于编写简单的考虑，额外声明了一个工作核结构，每个处理器核会先将自己的状态复制到这个工作核，然后驱动工作核，结束后再把工作核的状态复制回每个处理器核。在没有进入并行执行时，辅助核都不运转，在进入并行执行状态后，非推测核首先执行，其他核按照推测级升序依次执行。

Sim-SPoTM 中模拟的推测控制器主要完成当前执行和在推测状态和非推测状态之间转换的工作。当检测到线程获得提交令牌，并且线程已经因为写缓冲满而阻塞时，它会通知 Cache 控制器将写缓冲的内容写回下级共享存储，然后再将 Cache 行上推测状态全部清除。当线程从非推测状态进入推测状态时，推测控制器会首先保存执行上下文，将提交令牌传递给下一线程，同时设置自己的推测状态寄存器。

9.2.5　私有一级 Cache 的推测支持

原来的写回函数替换为专用写总线访问 Cache_do_writeback，如果推测核的写缓冲满，那么暂停推测核的执行，直到它获得提交令牌。对于非推测核，如果检测到 wb_full 信号，那么直接在写总线放入地址和数据，执行写回动作。

新加入的侦听写总线函数 Cache_snoop_writebus 和上一个函数主要实现主线

程处理器核的写功能相比，它实现的是推测核功能。即推测核在监听到写总线上的信号时，需要采取的动作。本书在不影响正确性的情况下，对实际情况进行了一定简化。根据收到写总线占用 newwrite 信号时刻的不同，将可能采取的动作分为两类。

（1）newwrite 信号到达时，在推测核上有一个相同地址的读正在进行，读总线已经授权给推测核，读数据已经进入 ready_buffer，或者将在本周期（传输第一周期）进入，那么数据将从写总线的上旁路到 ready_buffer。

（2）newwrite 信号到达时，相同地址的读已完成，或者未进行。需要检查写地址是否在 Cache 中，如果命中且对应行的推测读位被设置，则数据可能已经被推测使用，需要重启整个线程。如果命中但未使用，只需无效改行。不命中则不用做任何动作。

9.2.6 总线支持

读总线用于一级私有 Cache 与二级共享 Cache 之间的互连，被多个处理器核竞争使用。读总线采用 4 状态轮转方式运行，ARB（用于事务优先级判定）状态接收 Cache 发来的请求，下个周期进入 GRT（检查仲裁结果）状态，通过仲裁授权给某个 Cache，接下来进入发送地址 ADDR（地址信号）状态，接收数据的 BSY 状态，如果没有申请，则下周期回到 ARB 状态，如此循环。

Cache 在总线的 GRT 周期检查仲裁结果。获得授权的 Cache 将利用从下级存储访问得到的延迟修改总线的释放时间。当 BSY 状态的总线检查到释放时间已到时，它将转回 ARB 状态，同时根据传输的方向（读/写），设置 Cache 的 buffer _ready 标志或者清除 wb_full 标志。

仲裁算法采用两级仲裁，推测级较低的请求拥有较高优先级，而同一推测级不同访问类型（取指，读数据）也具有不同优先级，取指优先级高于数据读取优先级。

写总线位于一级 Cache 和二级 Cache 之间，被当前的非推测处理器核私有一级 Cache 控制器专用。因为写总线独占，所以不需要仲裁周期，它只有两种状态，即 IDLE 和 BSY。BSY 时段，设置总线有效信号，这个设置由主处理器的一级 Cache 控制器完成。在 BSY 状态时，总线上将一直保持写地址以便依赖冲突检测。

模拟专用写总线的一个难点是需要协调读/写造成的一致性问题。写总线和读总线由于数据传输时刻和轮转周期不同，是不可能做到同步的。所以在执行依赖检查时，可能会出现写总线和读总线上同时有访问在处理的情况。为了保证推测的正确性，需要分别使用快速传递、无效、重启等多种处理方式。

读总线上的一次访问，从处理器发出到返回给处理器，可能在不同时刻遇到写总线上的一个写访问。根据相遇时刻的不同，采用不同的同步策略。以下按照一个写访问出现从早到晚的顺序来说明采取的动作和原因。

（1）在读总线进入 BSY 状态前，写已完成（包括写结束、读开始在一个周期的情况），那么读可以正常获得写的结果，不需要改变，直接从二级 Cache 或者主存获得数据即可。

（2）在读总线进入 BSY 状态前，写总线已进入 BSY 状态（含同周期进入），那么采用 forward 机制。读直接从写总线的缓冲中获得数据，这时对下级存储和总线的占据仍然有效，只进行数据的快速传递，延迟不变。

（3）在读总线进入 BSY 状态时，写总线进入 BSY 状态（含读总线在该周期处理 MSHR），此时数据已放入读总线的缓冲，但是还未有效，继续使用 forward 机制，将写的结果直接送入读总线缓冲 r，完成修改。延迟不变。

（4）在读总线 BSY 状态完成时，MSHR 已经处理，写总线进入 BSY 状态。这时首先需要将命中的 Cache 行无效化。对于读，因为数据返回队列还没返回数据，所以不需要重启整个线程，只需再次申请读总线重新访存即可。

（5）在一级 Cache 的数据反馈队列已经处理，并将数据送入处理器后，写总线才进入 BSY 状态。因为处理数据反馈队列的同时会设置 Cache 行的推测读标志，根据这个标志，Cache 控制器将发线程重启信号给处理器，要求重新执行，即使此时 load 指令可能尚未提交。

9.3　小结

在本章中，介绍了两个不同精度的 SPoTM 模拟工具的使用和实现，一个是基于程序运行时插桩的功能级模拟工具 FastTM，另一个是时钟周期精确的 C 模拟器 Sim-SPoTM。其中对 Sim-SPoTM 的工作机制进行了详细的描述，包括推测控制器的执行、指令 Cache 和数据 Cache 控制器的执行、流水线的运转三部分。而所有处理器核执行完成后，总线模拟开始执行。通过使用这两套模拟工具，可以达到对 SPoTM 结构进行验证和评估的目的。

第 10 章　SPoTM 模型评测

为了验证 SPoTM 推测多线程模型的正确性，评估 SPoTM 在挖掘线程级并行和提升程序性能的效果，从 SPEC CPU2000 中选取了部分程序在 SPoTM 执行平台上进行了测试和分析。

10.1　评测方案

在实验过程中，对一个测试程序的操作步骤如下：选择程序中有并行潜力的循环，按照 SPoTM 编程模型手工进行程序变换；变换后的多线程程序交给编译器处理，链接推测系统库，生成可执行程序，再将可执行程序放在 Sim-SPoTM 或者 FastTM 模拟器上运行，得到统计数据并分析。

10.1.1　测试程序集

本书选择了基准测试集 SPEC CPU2000 中的 7 个程序作为测试用例，其中包括 4 个整数程序和 3 个浮点程序，出于缩短模拟执行的考虑，采用了小规模的 test 输入集。关于这 7 个程序的详细信息见表 10-1。

表 10-1　测试程序列表

测试程序名	测试类型	程序说明	测试输入集
twolf	整数	timberwolf：一种用于 VLSI 布局布线的模拟退火算法	test
GCC	整数	使用 GNU C 编译器生成优化的机器代码	test
vpr	整数	FPGA 布局布线	test(place)
MCF	整数	公交调度的组合优化	test
ammp	浮点	一种水中蛋白质的分子动力学模拟	test
equake	浮点	地震波传播模拟	test
art	浮点	使用神经网络对温度图进行图像识别	test

10.1.2　模拟器配置

关于模拟器 Sim-SPoTM 内部结构的参数和配置见表10-2，表10-3 和表10-4，包括单核内部配置，一级 Cache 配置和系统级模块的配置。部分参数采用了 MIPS－R10000 的数据。

表 10-2　单核内部配置

保留站数目	32	访存队列长度	16	取指带宽	4
发射带宽	4	解码带宽	4	提交带宽	4
分支预测模式	bimod	执行部件数	ialu 4，imul 4	内存端口数	2
			falu 2，fmul 2		
返回地址栈深度	32	整数乘法执行周期	12	整数除法执行周期	80

表 10-3　存储系统配置和参数

一级数据 Cache					
组数	64	相联度	2	行长度/B	64
命中延迟/cycle	1	替换策略	LRU	地址翻译策略	虚索引实标志（VIPT）
MSHR	4	主存延迟/cycle	75	主存带宽/（B/cycle）	32/20
推测写缓冲/line	16				

一级指令 Cache					
组数	512	相联度	2	行长度/B	32
命中延迟/cycle	1	替换策略	LRU	地址翻译策略	虚索引实标志（VIPT）

二级 Cache					
组数	32768	相联度	1	行长度/B	64
命中延迟/cycle	6	替换策略		地址翻译策略	实索引实标志（PIPT）

指令 TLB 和数据 TLB 配置相同					
组数	1	相联度	128	行长度/B	32
命中延迟/cycle	6	替换策略	LRU	地址翻译策略	虚索引虚标志（VIVT）

表 10-4　核间系统和推测执行参数配置

读总线带宽/bit	64	写总线带宽/bit	32	控制总线延迟/cycle	1
线程激活开销/cycle	320	线程取消恢复开销/cycle	192	线程结束开销/cycle	128

10.2　基本评测结果

首先使用 FastTM 对 7 个程序的并行化潜力进行了评估，标准包括以下几方面：并行循环个数，即被选择的循环个数；平均迭代次数，每个循环执行的迭代次数，也就是线程执行事务的次数；平均事务间隔，线程执行中相邻两个事务的距离，也就是线程在一次迭代中执行的动态指令数；并行区域比例，即被选择的循环集合在原串行程序执行时间中所占的比重；并行膨胀率，在按照 SPoTM 编程模型并行化程序后，程序执行时增加的动态指令数与原来串行指令数的比率。

10.2.1　推测加速比

首先，这 7 个测试程序的并行化潜力评估结果显示在表 10-5 中。

表 10-5　测试程序并行化潜力评估

测试程序名	并行循环个数	平均迭代次数	平均事务间隔	并行区域比例	并行膨胀率
twolf	4	12	217.7	9.1%	0.03%
GCC	37	177.1	110.3	21.7%	0.071%
vpr	2	6.4	217	69.4%	0.075%
MCF	6	600.2	617.7	62.7%	0.31%
ammp	1	76.8	517	75.4%	0.032%
equake	4	2133.7	733.5	87.4%	1.209%
art	8	2943.9	188	82.6%	1.44%

从上面的结果可以看出，浮点程序执行时间中可以用来并行的部分相当大，平均达到了 80% 以上，虽然可并行的循环不多，但是一般具有较多的迭代次数，因此在总执行时间中占了很大比例。对于浮点程序，需要并行的目标少，手工并行的工作量小，但是性能潜力很大。而整数程序中可并行循环所占的执行时间比明显较低，尤其是 GCC 和 twolf，根据 Amdahl 定律，后两者在推测并行后的性能提升因此受到了相当大的限制。接下来，图 10-1 给出了一个分别在 2 核和 4 核情况下用 FastTM 模拟工具得到的推测执行加速比，即在每条指令执行时钟周期(Clock Per Instruction，CPI)为 1 的情况下，串行执行周期数与推测并行执行周期数的比值。

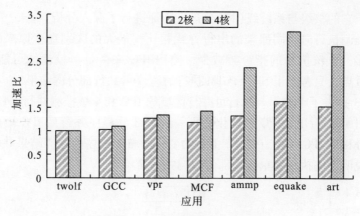

图 10-1　FastTM 推测并行加速比

图 10-2 则为 Sim-SPoTM 分别使用 2 核和 4 核推测执行程序以后的并行加速比。

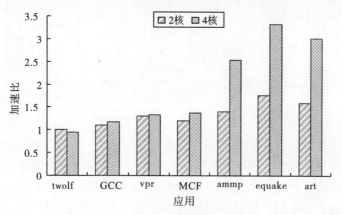

图 10-2　Sim-SPoTM 推测并行加速比

两图的结论是相似的，整数程序的性能提升有限，而浮点程序的结果相对较好。一个原因可能是浮点程序的执行较为规整，而且可并行循环的覆盖率较高，在一定范围内提高可并行线程数对浮点程序有积极的意义。结合表 10-5 可以看出，整数程序的并行部分比例较小，同时较少的迭代次数也不能够平摊推测开销，线程数增加不能成比例提升性能，反而会由于更多的启动或同步开销，使性能不升反降，twolf 就是一个例子，在使用 4 核推测后性能低于串行执行的结果。

10.2.2　单核性能分析

接下来，为了理解程序在 SPoTM 平台推测执行后的性能变化原因，分别对推测状态下它的核级与系统级(核间)运行特征进行了深入分析。

线程推测执行时,同原来的串行方式相比,最大的区别在于原来的运算量被多核平摊,单核执行的指令数减少,使用 IPC 来衡量单核性能可能的变化,为了突出重点,只考虑了 Sim-SPoTM 执行时程序可并行部分的结果。

图 10-3 提供了单核串行执行可并行区域的 IPC 和 4 核推测并行 IPC 的比较。从图 10-3 中可以看出,IPC 的变化并不一致,部分程序并行后 IPC 增加或下降很多,部分程序 IPC 只略有变化,IPC 的变化与整个程序的性能结果并没有直接联系,这说明推测执行对单核内部的影响并不简单。

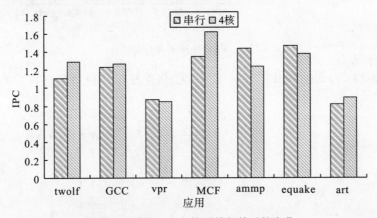

图 10-3   单核 IPC 在推测并行前后的变化

为了考察单核性能变化的原因,检查了执行核内部一些重要功能部件的运行状况,如分支预测器。在 4 核情况下,采用 bimod 分支预测策略,得到的分支预测精度和串行时相比略有下降,但这种变化并不明显,也就是说分支预测不是 IPC 变化的主要原因。图 10-4 给出了并行前后分支预测失败率对比。

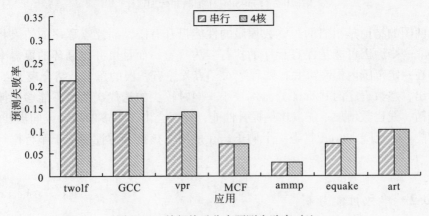

图 10-4   并行前后分支预测失败率对比

10.2.3　推测线程性能分析

在系统级评测中，选择的第一个测量指标是线程推测的失败率或者线程重启率。图 10-5 给出了推测执行失败的线程数和线程总数的比值，以及失败的推测线程执行时间在整个线程执行中的比例。可以看出，对于 7 个测试程序，推测重启率都是比较小的，整数程序的重启率均值是 6%。通过观察推测失败后被取消的执行时间占线程总执行时间的比例，可以粗略判断推测失败的影响。在图 10-5 中，无效执行时间比最大的是 MCF，接近 15%，而其他程序都停留在较小的范围里。而从 MCF 的加速比可以推断出，虽然某个执行核因为推测失败浪费了执行时间，但非推测核的执行并没有停止，这在一定程度上抵消了损失，因此仍能得到明显的加速比。

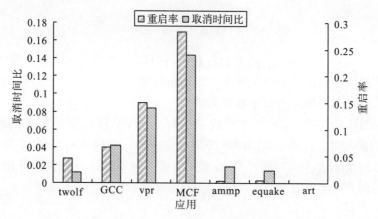

图 10-5　推测线程重启率和推测失败线程的执行时间比

相对于串行执行，推测执行引入了额外的开销，用于维持串行语义。对于 SPoTM 模型，把一个线程的执行分解成不同阶段，每个阶段完成相应的动作，包括成功执行、等待令牌、提交、失败执行、空闲等。成功执行和失败执行指的是处理器核花在原程序代码上的时间中成功提交和取消的部分，成功执行的时间涵盖整个事务，而取消时间可能包含整个事务或者事务的部分执行。等待令牌是指推测线程因为一个事务结束或者写缓冲满以及异常处理等，停止执行等待提交令牌到来所花费的时间。提交时间指的是令牌到来后，将推测写缓冲的内容写回共享存储所用的时间和之后非推测执行的时间。空闲指的是由于负载不平衡等，处理器核因为无任务执行而处于暂停状态。图 10-6 给出了一个关于这些阶段的时间分布关系，其中没有标识的区域表示线程执行时间除了以上阶段剩余的部分，可能包括回退开销，进入推测状态保存上下文的开销等。

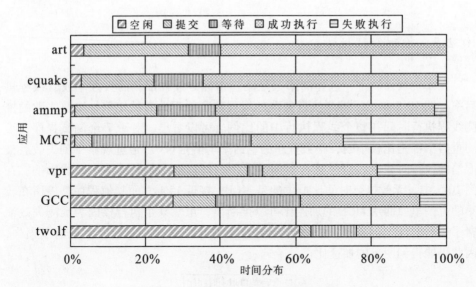

图 10-6　4 核情况下推测执行时间分布

从图 10-6 中可以看出，线程的有效执行时间，如"成功执行 + 提交"所占的比例还是很高的，对于浮点程序，平均达到了 76% 以上，因此浮点程序的性能较好可以得到证明。而对于整数程序，由于推测失败率相对较高，有效执行时间相对减少。其中，vpr 由于负载不平衡，处理器核经常处于空闲状态，而 MCF 推测执行时，花费了较多时间等待提交令牌。前面已经提到，等待提交令牌一般有两个原因，即写缓冲满和事务结束。为了具体区分推测开销的来源，检查了写缓冲的使用情况。

10.2.4　存储系统性能分析

SPoTM 推测多线程模型使用写缓冲作为数据 Cache 缓存事务写操作结果的补充。推测状态下，修改过的行被换出时进入写缓冲，写缓冲满时推测线程必须暂停等待提交令牌。图 10-7 给出了写缓冲在执行一次事务时被占用的情况。可以看出，写缓冲平均占用率是很低的，极端情况下，最大占用也不会超过 16 项。因此写缓冲的容量设计是合理的，基本避免了由缓冲溢出造成的停等，也就是说图 10-6 显示部分程序等待令牌开销较大源于事务执行结束后的停等，这可能是由于不同线程的事务动态大小不均造成的。图 10-7 还包括了排空写缓冲需要的平均周期，也说明了在 CMP 的片上高带宽下，写缓冲和写总线以及提交过程不是系统性能的瓶颈。

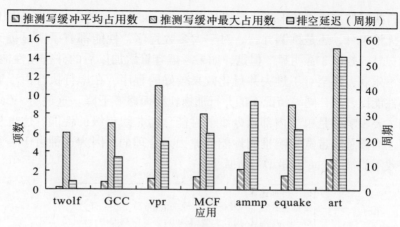

图 10-7　推测写缓冲应用使用状况

在确认写总线不是性能提升的障碍后，把目光转向了读总线。把读总线的带宽由基础配置中的 64bit/cycle 提高到 256bit/cycle，来考察性能的变化。观测的数据包括在带宽增加后串行执行的加速比、推测并行相对于原来串行执行的加速比和推测并行相对于带宽增加后的串行执行的加速比。结果在图 10-8 中显示，在增加带宽后，无论串行，还是推测并行，对于大多数程序，性能都有了明显提升。而且，在带宽增加后的基础上进行比较，推测并行的实际加速效果也有提升。这说明，读总线的带宽对线程级并行的影响很大。可以从推测执行的特点上进行分析，推测执行核中一级 Cache 中的数据有可能被非推测执行线程提交而无效，相对于单核上的执行，会引入额外的失效，需要多次访问读总线获取相同数据。因此，读总线带宽对推测执行的影响较大。

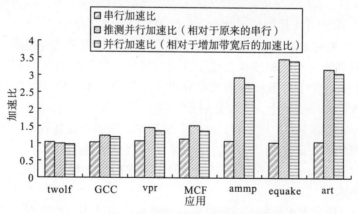

图 10-8　增加读总线带宽对性能的影响

接下来考虑一级数据 Cache 容量变化对性能的影响。在基础方案中，只使用了 8KB，在测试中把它增加到 32KB 后，观察串行执行加速比、推测并行相对于

原来串行执行的加速比和推测并行相对于新串行执行的加速比。结果在图10-9中
提供，无论串行，还是推测并行，对于大多数程序，性能都有了明显提升，串
行性能提升的效果非常明显。但是，如果考虑容量增加以后的并行化性能提升，
结果并不乐观，甚至对于过去并行化效果较好的程序，在串行执行由于局部性
改善而性能提升后，同等情况下的并行加速比反而略有下降。这说明，Cache 容
量增加主要影响的是单核内部指令级的性能，而非线程级的性能。这也从侧面
说明了上面读总线带宽影响推测性能的原因是合理的，因为这种由于一致性产
生的失效不能被 Cache 容量增加所减少。

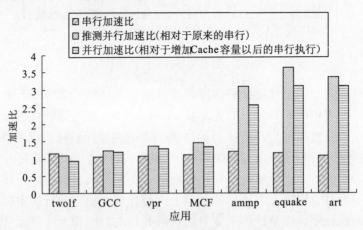

图 10-9　Cache 容量变化对性能的影响

10.3　小结

从本章对 SPoTM 模型的评测和分析能得出以下几点结论。

（1）从性能的角度考虑，虽然推测执行机制的硬件实现选择很多，但即使是
非常复杂激进的结构模型或执行模型改动，带来的性能提升也是有限的；因此
在方案优化时，为了降低推测失败率和提高并行覆盖率，应该将更多的努力放
在软件方面的程序变换上，如事务划分、值预测等。

（2）从简化编程的角度来看，推测多线程方式确实能在并行化时极大减轻程
序员显式维护串行语义的负担，并且带来一定程度的性能提升。不过为了使程
序的性能提升更明显，程序员或者编译器在简单的编程模型上有必要使用一些
软件优化技术。

（3）线程化拥有大量的无依赖循环或者简单依赖循环的程序时，应选择简单
并行而不是推测方式。对于这类程序，由于额外开销，推测多线程执行的效果
明显落后于传统多线程执行的效果。

推测多线程方式适用的循环，应该具有以下特点：迭代间依赖关系是复杂、

难于分析的，或者是动态的，并且依赖出现的频率较低；推测多线程相对于原来的手工并行方式，放松了要遵守的串行语义约束，可以看做一种乐观的并行方式。满足以上两个条件的数据依赖关系，通过推测克服才有意义。它避免了由于线程候选者间的依赖关系难以静态分析而使手工并行被迫变得保守的问题，但如果依赖冲突出现次数太多，频繁的推测失败也会使激进的推测失去意义。

第 11 章　PTT 设计优化

多核事务存储体系结构不仅需要制定一套合理的线程划分机制来帮助程序员更好地进行线程划分，而且需要提供一套简明有效的线程执行机制来最大限度地发掘程序中潜在的线程级推测并行性。

目前，已有的事务存储系统级工作更关注于如何为事务存储提供更高效的一致性维护机制，而忽略了对更高效线程划分机制的支持；它们更关注于实现硬件性能的提升，而忽略了协同软硬件手段共同发掘程序中潜在并行性的技术手段；它们更关注于放松事务存储自身的语义限制而实现性能上的突破，而忽略了引入类似语义要求而拓宽 TM 技术的平台的问题。

因此，本书提出了同时支持线程级推测和事务存储语义的多核事务存储体系结构，通过协同软硬件技术手段，探讨如何更好地提升系统整体性能。将本书提出的这个剖析指导的分布式软硬件协同多核事务存储体系结构命名为 PTT（Profile-guided TLS&TM System），以便后面的表述。

本章将首先介绍 PTT 的总体设计思路与实施方案；再分别从结构模型、编程模型和线程执行模型三方面分别介绍 PTT 硬件支持机制的设计细节；最后，对 PTT 硬件系统的模拟器实现进行了说明。

11.1　简介

本节首先通过分析给出设计思路，思考 PTT 如何实现与线程划分机制相协同的线程执行硬件支持机制；然后再从方案实施的角度给出该系统的设计优化方案。

11.1.1　思路

作为一个软硬件协同支持的新型多核事务存储体系结构，其在硬件支持机制上的设计重点应着眼于：①如何合理地支持本书提出的线程划分与执行机制以实现新型的软硬件协同机制；②如何从易于硬件设计实现的角度实现新型的拓展的事务存储推测并行执行语义。

要实现以上提出的设计重点，需要对其进行技术环节的细化，细化为如下两方面。

一方面，从支持线程划分和执行模型的角度来看，多核事务存储处理器必须提供一定的机制来解决以下两个问题：①自动完成从线程到处理器的映射；②自动维护线程间的同步。

另一方面，从硬件设计自身的角度来看，多核事务存储处理器也必须满足以下两个要求：①同时支持 TLS 技术和 TM 技术的语义；②能够适应大规模并行对可扩展性的要求。

只有满足了以上提出的要求，本书提出的多核事务存储体系结构才能有效地实现软硬件协同的目标，才能最大程度地解放程序员，才能最有效地发掘程序中的潜在并行性。

通过广泛的调研与分析，结合 PTT 自身的特点和要求，给出了如下的总体设计思路。

(1) 通过编程模型中的接口设计，PTT 使用运行时库机制自动完成线程到多处理器的映射。

(2) 在事务存储硬件模拟平台中，采用硬件事务存储机制实现线程同步时一致性的自动维护；再通过拓展事务存储语义的方式，达到同时支持线程级推测和事务存储语义的硬件设计要求。

(3) 避开总线和全局仲裁器等集中式结构对可扩展性的限制，采用片上网络互连和分布式仲裁的方式实现功能上的替代，完成分布式的可扩展硬件设计。

11.1.2　优化方案

根据第 10 章提出的总体设计思路，综合考虑模拟平台优势与事务存储模型本身的特性，本书提出了基于 LogTM 的事务存储设计，结合 TCC 中提出的事务定序方式，并为其提供运行时库支持机制的总体优化方案，其理由如下。

(1) LogTM 是当前比较先进的事务存储方案，它采用积极的版本管理和积极的冲突检测策略，其总体性能较高。同时由于采取了 log 技术，可以较好地解决 TLS 技术中由于线程粒度过大而缓存溢出的问题，满足采用硬件事务存储机制实现自动一致性维护的要求。

(2) 由于采用分布式缓存一致性协议来维护系统的正确性，LogTM 方案本身具有易满足分布式可扩展硬件设计要求的先天优势。如果在该方案上进行修改，能使工作更有效率。

(3) 使用 TCC 方案提出的利用事务定序的方式来拓展事务存储的语义，同时支持 TLS 和 TM 技术的实现已被证明是简单而有效的。但是由于 LogTM 是分布式结构，所以还将通过引入令牌提交机制来实现分布式仲裁。

因此，本书最终确定了在 LogTM 的模拟环境 GEMS 模拟器上进行修改，为其增加事务定序和令牌提交支持，并提供 PTT 所需的运行时库支持的多核事务存储硬件系统设计优化方案。

11.2　硬件结构模型

本节将首先介绍 PTT 的硬件体系结构，着重分析它为了支持软硬件协同的多核事务存储体系结构而对传统多核芯片硬件结构进行的改进；然后再分别对推测执行的硬件支持机制和按序提交的硬件支持机制进行深入分析。

11.2.1　硬件体系结构

图 11-1 给出了 PTT 硬件体系结构。从整体上看，这几乎就是一个普通的多核芯片体系结构，通过片上互连网络将多个拥有私有缓存的单核与主存和共享缓存连接起来。

但与普通多核芯片不同的是：①连接在片上互连网络上的目录为了支持事务存储机制进行了改动；②处理器单核的结构也添加了支持事务存储机制的一些额外结构——包括寄存器快照在内的一些特殊功能寄存器和令牌网络节点；③处理器原有的私有缓存被改造成了事务缓存，除了私有缓存中原有的数据、缓存状态、缓存控制器，新增了事务管理器、读写集合，并对一致性引擎进行了修改。

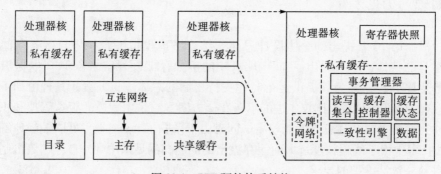

图 11-1　PTT 硬件体系结构

以下将分别就这些改动进行说明。

目录：添加了对应于缓存块的读/写标志位，用来记录共享数据索引和相关状态信息。

日志：系统为每个线程在高速缓存的虚存中维护一个日志，用以保存数据。

寄存器：其中包括日志基址寄存器、日志栈顶寄存器、事务嵌套级别寄存器、寄存器快照、日志偏移指针寄存器、回退处理函数入口寄存器等，这些寄存器用来保存事务系统的状态以支持事务的创建、提交和回退等事务操作。

　　读/写集合：用来保存事务对本地缓存的读/写记录，该记录可用于事务间的依赖冲突检测。

　　一致性引擎：该一致性引擎除了用于维护常规的缓存一致性，通过对协议的修改，在本书中也用来进行定序事务间的冲突检测。

　　事务管理器：主要用于管理事务状态，根据一致性协议在事务态与非事务态之间切换，并触发相应动作；同时负责维护事务定序机制中的序列号等。

　　令牌网络：由于 PTT 没有全局仲裁逻辑，必须依靠"序列号 + 定向传送令牌"的机制实现分布式的仲裁逻辑，以支持事务的按序提交。

　　可见为了支持 PTT 的软硬件协同机制，对传统多核芯片的硬件设计并未进行复杂的更改和设计，这是满足易于硬件设计实现的要求的；同时这套建立在片上互连网络上的硬件体系结构也是满足可扩展性的硬件设计要求的。

11.2.2　推测执行机制

　　PTT 对推测执行的硬件支持机制主要依靠两点来完成：①LogTM 自带的缓存一致性协议（对其进行修改主要是为了实现 11.2.3 节的按序提交功能）；②对传统多核芯片添加的除令牌网络外的所有硬件支持。

　　以下就这些新添的硬件支持机制进行说明。

　　目录的作用：通过修改后的基于目录的一致性协议维护系统的缓存一致性。

　　日志的作用：采用日志保存旧数据，将新数据直接写入内存，事务提交时只需清空日志，从而实现事务的快速提交；事务回退时，将日志中的数据复制回原来的位置，进行回退，保证程序执行的正确性。

　　读/写集合的作用：在事务对本地缓存块进行读/写操作的时候，将对应缓存块的读/写标志位进行设置用来表示读/写操作的执行，以支持一致性协议进行依赖冲突的检测。

　　寄存器的作用：在事务创建时保存日志基址以实现后续事务操作时对当前事务的日志入口地址定位；在事务提交成功后将日志基址指针重新指向日志入口地址，以便处理后续事务；在事务执行回退时，恢复以前保存的寄存器快照，提供事务回退处理函数的入口地址。

　　一致性引擎的作用：为了实现分布式仲裁，PTT 采用积极的冲突检测策略，一致性引擎将收到的访问请求与读/写集合中保存的记录进行比较，判断是否存在冲突，并根据一致性协议触发相应动作。

　　事务管理器的作用：根据事务状态将处理器的访存请求转换为对应的事务请求，并交给缓存控制器执行；在事务写操作开始之前，若检查到该地址不在写集合之内，则先执行一次日志操作，再将该请求交由缓存控制器执行；当事务完成读/写操作以后，负责更新读/写集合。

一致性协议的简单步骤说明如下。

（1）请求操作的事务发出一致性请求到目录。

（2）目录响应该请求，并且有可能将该请求转发给一个或多个别的事务。

（3）每一个响应事务检查自身的状态，观察是否有依赖冲突发生。

（4）每个响应请求的事务给出应答信号，包括冲突应答信号和非冲突应答信号。

（5）发出请求的事务进行冲突处理。

由此可见，PTT 对事务推测执行的硬件支持机制并不复杂，仅需要对原有的多核体系结构进行比较容易的设计改动即可实现。

11.2.3　按序提交机制

PTT 对按序提交的硬件支持机制主要通过三点来完成：①对有序事务进行优先级判定；②对原有一致性协议进行修改，使其增加对有序事务进行冲突检测的机制；③通过令牌网络的定向传递实现分布式的全局顺序仲裁机制。

1）优先级判定

在 PTT 中，事务创建的时候，事务管理器通过程序员在事务开始指令 XBE-GIN 中的参数指定，为每一个事务赋予一个优先级（通常为迭代号）。而在事务推测执行过程中，所有事务发出的一致性消息都携带该事务的优先级信息。在发生冲突时就通过比较请求事务与本地事务的优先级高低，判定优先级高的事务（优先级数值较小的事务）获胜，触发相应动作。

为了兼容无序事务的执行，区分系统中的有序事务与无序事务，PTT 为每个事务增加一个事务类型判别标志位，并将所有无序事务的该标志位置 1 和优先级位置 1。系统在进行优先级比较时，首先判定事务类型，对无序事务不予定序，同时触发相应动作；只有有序事务才按照优先级进行比较并触发相应动作。

同时为了避免优先级的数值达到值域的上界以后发生溢出，出现优先级数值回绕的问题，PTT 引入了带同步窗口的优先级判定机制（郭锐，2009）来实现系统中对回绕后的事务优先级的准确判定。

2）一致性协议修改

与 LogTM 系统自带的缓存一致性协议不同，在发生冲突时，PTT 中高优先级的事务会强制低优先级的事务回退，从而避免在事务执行时发生乱序提交的问题。

因此，PTT 将原缓存一致性协议中经过冲突检测之后产生的冲突消息类型进一步细分为优先级冲突消息和依赖冲突消息，设计相应触发动作，以实现在发生冲突时，对低优先级有序事务的回退操作。

修改后的一致性协议的简单步骤说明如下。

（1）请求操作的事务发出带优先级的一致性请求到目录。

（2）目录响应该请求，并且有可能将该请求转发给一个或多个别的事务。

（3）每一个响应事务检查自身状态，观察是否有依赖冲突发生或者有优先级冲突发生。

（4）每个响应请求的事务给出应答信号，包括非冲突应答、依赖冲突应答和优先级冲突应答信号。

（5）发出请求的事务进行冲突处理。

3）令牌机制

由于在 PTT 中不存在全局仲裁机制，所以在事务提交时，不仅需要给有序事务赋予优先级，也需要一种机制来实现分布式的有序仲裁。令牌技术来源于局域网，其设计思想核心即只有拥有令牌的用户才能执行特定的操作，而没有获得令牌的用户只能等待。可知，通过将令牌机制引入 PTT 可以解决上述的全局仲裁问题：通过在令牌网络中按照事务的优先级定向地传送令牌，事务可以按序拥有令牌，进行提交。

令牌传递可以通过软件机制或者硬件机制实现，PTT 同时支持了这两种技术手段：可以通过共享变量的软件机制实现软件令牌网络；也可以通过一个带有少量缓存的网络接口器件实现硬件令牌网络——通过该接口直接向片上网络发送和接收消息，以此实现处理器核之间的点到点通信。

由此可见，对事务按序提交的硬件支持结构也是容易实现的，只要利用原有设计进行局部改进就可以完成。

11.3　编程模型

编程模型是指在程序设计中需要遵守的数据组织和计算组织模式，它是程序设计人员与硬件平台之间的接口。广义的编程模型包含了编译器、运行时库和编程语言等部分。而判定一个编程模型的优劣，主要看两点：①是否容易被程序员掌握和运用，也就是编程是否简单；②是否能为应用和底层平台建立起良好的映射关系，也就是是否能利用硬件平台的运行特点最大化地开发出程序潜在的性能。

从编程简单的角度出发，PTT 采用了对传统的 C 语言编程模型进行简单改动和扩充的方案。在这种编程模型下，只需要在原有的 C 语言程序基础上对拟并行区域的数据结构和流程进行简单调整，并在相应位置添加运行时库中的接口调用。因此程序员不需要显式地并行程序，也不用关心事务执行时的一致性维护，底层平台会依据接口采取相应动作，自动完成程序的推测执行。

依据前面的分析，PTT 主要选择循环结构作为线程来源，以下就循环结构的并行化支持进行详细分析。

　　直接对循环结构进行推测会带来伪依赖冲突的问题：所有属于同一个循环结构的推测线程会共享同一个堆栈帧，这会导致线程内部的数据依赖（即循环迭代内的依赖）发生伪冲突。解决这个问题有两种思路：①在线程初始化的时候将原帧复制到各线程的独立栈空间；②循环体代码封装到一个函数中，使推测执行的事务使用新的栈帧，和循环所在函数的非推测部分相隔离。

　　通过分析可知，第一种方案会使线程的初始化工作开销巨大，而且一致性的维护也是非常复杂的；因此，PTT 选择了第二种方案，即使用循环封装函数将循环结构封装起来，再交由推测线程进行计算。同时为了避免访问主线程的栈帧，循环封装函数没有任何参数或者返回值，以指针参数的形式传递给推测线程即可。这也是 OpenMP 编译器对循环结构进行转化的方式。

　　循环变换主要包括三方面内容：①对循环进行封装；②对循环内使用的变量声明方式和作用域进行调整；③在适当的位置插入运行时库接口。

　　以下将对循环变换进行详细说明。

11.3.1　循环封装

　　循环封装的步骤如下。

　　(1)首先将循环体移动到封装函数内，将索引变量的初始值进行变换(begin = original_begin + pid * original_stride)。

　　(2)再将循环跨步变量进行相应改动(stride = NUM_THREADS * original_stride)。

　　(3)循环中止条件不进行改变。

　　图 11-2 给出了 PTT 对循环进行变换的一个实例。图 11-2(a)是封装前的原始循环代码；图 11-2(b)则对其进行了循环变换操作，包括循环封装、变量声明调整和插入运行时库接口；图 11-2(c)给出了将封装后的函数进行调用时对源程序的改动，主要是初始化和线程激活操作。

```
int l=0;

for(m=0;m<MAX_ITERATION;m++)
{
 l=0;
   for(n=1;n<=10;n++)
   {
        l+= n;
   }
   if(rand[m])
   {
     p+=l;
   }
}
```

（a）原循环代码

```
param1.p=0;
lf1_begin=0;
PTT_activate(loop_function1);
loop_function1();
PTT_wait_all();
```

（c）调用完成封装的循环

```
void loop_function1()
{
int m;
int begin=lf1_begin+PTT_get_tid();
int n=0;
int l=0;

for(m=begin; m<MAX_ITERATION; m
+=NUMBER_OF_THREADS)
{
   l=0;
   for(n=1;n<=10;n++)
   {
        l+=n;
   }
   if(rand[m])
   {
      param1.p+=l;
   }
   PTT_END_TRANSACTION ;
   PTT_END_ITERATION;
}
PTT_halt();
}
```

（b）封装后的循环

图 11-2　PTT 编程模型中循环变换实例

11.3.2　变量声明调整

在进行循环变换时必须进行变量声明调整的原因在于：①对循环结构封装以后，被调用函数一般不能访问调用者的栈帧(不包括对实参的访问)，为了维持迭代间原有的(真)数据依赖关系以保证程序执行的正确性，必须进行变量声明调整；②同时也可以通过对程序的分析，去掉线程间不必要的依赖，从而更好地提升程序性能。

进行变量声明调整的原则如下：①如果循环引用的变量与循环体外或者迭代间存在真数据依赖，则将其声明为全局变量；②如果循环引用的变量与循环体或者迭代间不存在真数据依赖，在保证正确性的前提下，将其声明为局部变量。总的来说，必须保证调整后的循环保持原始语义并尽可能地释放循环并行潜力。

如表 11-1 所示，PTT 将这些变量进行了总结和分类，采取了相应的调整方式对它们进行调整。

表 11-1　PTT 变量声明调整

变量类型	迭代间依赖	新作用域	调用前初始化	返回后更新
全局变量	可能	无须新声明	否	否
循环索引变量	有	全局/封装函数内	是	可能
迭代私有变量	无	封装函数内	否	否
迭代内只读的局部变量	无	全局/封装函数内	是	否
带有迭代间依赖的局部变量	有	全局	是	是

11.3.3　运行时库支持

作为运行时软硬件之间的通信接口，运行时库担负着依照接口定义驱动底层平台执行相应动作的任务，它是实现软硬件协同工作方式的关键，同时也保证了自动完成从线程到处理器映射的目标实现。

表 11-2 列出了 PTT 为支持将剖析指导的推测线程划分方案有效映射到多核事务存储硬件体系结构中而设计的常用运行时库接口名称说明。这些接口的功能如下。

（1）迭代中止宏 PTT_TERMINATE_ITERATION：continue 语句的推测实现，用于非正常结束当前迭代。

（2）循环中止宏 PTT_TERMINATE_LOOP：break 语句的推测实现，用于非正常结束当前循环。

（3）迭代结束宏 PTT_END_ITERATION：标识线程已经完成正在执行的迭代，将该处作为线程当前状态的重启点，将上下文信息交由硬件保存。

（4）事务结束宏 PTT_END_TRANSACTION：标识线程已经执行完当前事务，并且开始等待完成提交。

（5）推测初始化函数 PTT_init()：整个程序的推测初始化函数，负责产生辅线程，这些辅线程都处于休眠态，直到 PTT_activate 将它们激活。

（6）取线程号函数 PTT_get_tid()：返回当前线程的序号，用于主线程辨别和循环初始值计算。

（7）推测线程激活函数 PTT_activate(void * pc)：参数为循环封装函数的地址，用于激活处于休眠态的辅线程，初始化其上下文，并且从参数给定的循环封装函数入口执行开始推测执行，自动完成线程到处理器的映射。

（8）等待令牌函数 PTT_wait_token()：线程暂停，以等待获取令牌。

（9）释放令牌函数 PTT_release_token()：线程将令牌释放并定向传送给下一线程。

（10）同步函数 PTT_wait_all（）：用于原主线程在循环结束后进行同步操作，等待其他线程完成。

（11）循环完成函数 PTT_halt（）：用于循环完成后最终释放令牌；同时通知主线程对该循环结构的推测执行已经完成。

（12）推测结束函数 PTT_finalize（）：推测执行结束，用于释放资源。

表 11-2　PTT 常用运行时库接口说明

接口	名称
PTT_TERMINATE_ITERATION	迭代中止宏
PTT_TERMINATE_LOOP	循环中止宏
PTT_END_ITERATION	迭代结束宏
PTT_END_TRANSACTION	事务结束宏
PTT_init（）	推测初始化函数
PTT_get_tid（）	取线程号函数
PTT_activate（void * pc）	推测线程激活函数
PTT_wait_token（）	等待令牌函数
PTT_release_token（）	释放令牌函数
PTT_wait_all（）	同步函数
PTT_halt（）	循环完成函数
PTT_finalize（）	推测结束函数

11.3.4　编译支持

通过以上对编程模型的分析，可以看出 PTT 的编程模型只是在 C 语言的编程模型上进行了简单改动，由程序员通过编译制导的方式标识出作为线程候选的循环结构，然后就可以采用手工或者编译器进行循环变换以实现推测并行化。

循环变换中最复杂之处在于变量声明调整。由于现代编译技术对变量作用域的识别已经非常成熟，所以该编译器的设计难度并不大。而采用编译器进行代码变换有如下优点：①其转换效率比手工转换效率高；②它可以提供循环索引变量和迭代内私有变量的相关信息；③编译器也方便采用循环展开等技术对事务粒度进行调整。

由于开发一个新编译器的工作量太大，所以目前还没有开发 PTT 的自有编译器。在本书的实验中，通过手工的方式模拟编译器的工作，完成循环变换的任务，并将变换好的代码交由 C 语言编译器（如 GCC）生成二进制的可执行文件，最后由 PTT 硬件系统完成实验分析。

11.4　线程执行模型

本节首先从整体的层面对 PTT 从线程划分模型到线程执行模型的转化进行说明，然后再分别从推测线程生命周期的四个阶段——线程初始化、线程启动、线程执行和线程提交，对 PTT 的线程执行硬件支持机制进行详细介绍。

11.4.1　简介

图 11-3 描绘了 PTT 从线程划分模型到线程执行模型的转化过程。在目前的 PTT 模型设计中采用固定数目的线程并行执行程序，线程的数目必须小于等于片上处理器核数，执行中每个线程都绑定在一个独立的核上。

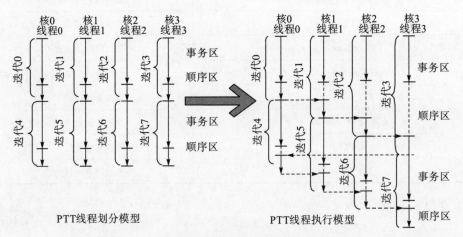

图 11-3　PTT 从线程划分模型到线程执行模型的转化

PTT 方案目前重点瞄准的并行对象为循环结构，循环的所有迭代在线程划分完成以后，被交替分配到每个线程中。

每次迭代的执行可以分成两个阶段，第一个是事务阶段，第二个是非事务阶段，循环体的代码在这两个阶段中的分布可以是不均匀的，一个阶段可以拥有循环体的全部代码。划分到第一个阶段的代码称做事务，按照推测方式来执行，当事务执行结束后，线程开始等待提交。当它获得提交授权（称做提交令牌）后，事务中的写操作结果将写入下级共享存储。提交完毕后，线程进入非推测状态，开始执行第二阶段，此阶段的所有操作都可以正常执行，不必再记录访存操作，直接将结果写入共享存储即可。这个阶段的代码完成后，它将检查循环终止条件，如果还需要继续执行，线程会将拥有的提交令牌传给拥有最近逻辑序的下一个线程，自己重新进入推测状态开始下一迭代，重复上面的过程。

11.4.2　推测线程初始化

PTT 对推测线程的初始化工作主要通过线程推测初始化函数 PTT_init 提供四点支持：①通过接口完成程序运行跳转到运行时库的支持；②采用 Pthread 线程库创建多线程；③为各个推测线程分配处理器资源；④初始化硬件令牌网络（可选）。

程序开始执行后，最初只有一个主线程在单核上串行执行（与串行程序的控制流执行模式类似），当遇到 PTT_init 接口调用后，则跳转到运行时库，完成对推测环境的初始化工作。

由于 PTT 硬件模拟器采用全系统模拟的工作方式，所以系统通过 Pthread 线程库来创建辅助线程以完成推测执行时的计算。考虑到创建线程的开销对系统整体性能的影响很大，所以 PTT 按照给定的参数生成确定数目的辅助线程，并为每一个线程设置优先级，将其放入线程池中备用。此时辅助线程尚未激活，因此处于空闲状态。线程池采用空闲线程轮询等方式实现其后线程启动时延迟最小。

PTT 同时将每个辅助线程"绑定"给一个处理器，并通过将其优先级设为实时（防止线程优先级不够，在时间片用完以后被系统调度出去，失去对处理器核的控制权），使其独占该处理器的计算和访存资源，顺畅地完成整个推测执行过程。

同时，PTT 提供了软件和硬件两种令牌网络支持令牌传递机制，如果采用软件令牌网络则不需要在初始化阶段进行操作；但如果采用硬件令牌网络，那么 PTT 还需要对其初始化，包括选择网络拓扑结构和完成逻辑节点与物理节点的映射关系等工作。

11.4.3　推测线程启动

推测线程启动主要由 PTT_activate(void * pc) 接口函数实现，并由所有辅线程完成其自身的相关启动操作。可分为如下几个步骤：①通过接口跳转到相应运行时库调用；②初始化全局推测环境表；③初始化辅助线程相关信息并激活；④激活线程开始执行。

在 PTT 中，当主线程执行到 PTT_activate 调用后，创建推测开始点，将 PTT_activate(void * pc) 中的 pc 参数传递给线程池里的空闲辅助线程，将其激活。

首先需要初始化一个对推测线程迭代分配进行支持的全局推测环境表（该表

中记录着各个推测线程的相关信息，如推测线程优先级(序号)、初始迭代号、推测任务、推测参数、推测跨步步长等信息)。PTT 通过对初始迭代号(THREAD_ID)和推测跨步步长(NUM_OF_THREADS)等参数的判定将推测计算任务分配给各个线程。

PTT 将系统调用 PTT_activate(void * pc)中的 pc 参数传递给各个辅助线程将其唤醒。辅助线程被唤醒前会进行相关信息的初始化，设定执行上下文(包括全局指针 GP、初始 PC、栈指针 SP 和所有结构寄存器的状态等)。完成辅助线程的初始化之后，接口函数会激活辅助线程执行计算任务。为了平摊线程激活的开销，较小地影响系统整体性能，PTT 采用连锁反应的唤醒方式激活辅助线程，当前线程开始执行之后才激活下一个线程。

最后，激活线程从激活接口传入的 PC 地址取指，开始推测执行。推测线程根据自身序号和循环的迭代号选择它要执行的初始迭代，然后按照跨步的方式执行后续迭代，直到异常结束或者循环完成。

11.4.4　推测线程执行

在 PTT 中，推测线程的执行可以分为两大机制进行说明，即版本管理机制和一致性协议实现机制。

1)版本管理机制

PTT 采用积极的版本管理策略，可以分为以下几步进行说明。

(1)当推测线程开始执行时，首先将缓存块的读/写标志位置 0，为新线程创建其日志，为日志分配内存空间，并将日志入口地址保存在日志基址寄存器中。

(2)如果推测线程执行一次写操作，则首先到读/写集合中查看其状态，如果该地址不在写集合记录中，则执行一次日志保存操作：通过日志基址寄存器找到日志入口地址，然后将数据与地址一起写入日志中保存；如果执行一次读操作，则根据一致性协议触发相应动作即可。

(3)推测线程完成读/写操作之后，读/写操作将对应的缓存块读/写标志位进行设置用于支持一致性协议进行冲突检测。

(4)如果推测线程提交成功，则只需清空日志，将对应缓存块的读/写标志位置 0；如果推测线程遇到冲突，需要回退，则将日志中的原始数据复制回原来的地址。

通过这样一种机制，完成了 PTT 的积极版本管理功能。

2)一致性协议实现机制

PTT 的一致性协议基于 LogTM 自带的基于目录的缓存一致性协议修改而成，主要增加了事务的优先级标志和用于优先级冲突事务的冲突解决机制。为了支持优先级判定，PTT 将原有目录缓存一致性协议中的冲突消息类型分为优先级冲突消息和依赖冲突消息，对依赖冲突消息的处理流程不变，而为优先级冲突消息的处理增加了相应的处理机制。其增加的处理机制说明如下。

（1）请求操作的推测线程发送带优先级的一致性请求到目录。

（2）目录响应该请求，如果该请求的地址在目录中已有相应记录（读/写标志位被置位），则将该请求转发给目录记录中对应的线程。

（3）每一个响应推测线程检查自身状态，根据自身读/写集合的状态，判断是否有依赖冲突发生；同时根据优先级判定准则，判断是否有优先级冲突发生。

（4）检查完成后，每一个相应推测线程根据判断结果返回对应的应答信号：如果没有冲突发生则给出非冲突信号；如果发生依赖冲突则给出依赖冲突应答信号；如果发生优先级冲突，则给出优先级冲突应答信号。

（5）发出请求的推测线程根据返回的信号进行相应动作：如果没有冲突发生，则执行相应操作；如果发生依赖冲突，则将操作等待，进行延迟重试，只有在检测到发生死锁的情况时才强制推测线程回退；如果发生优先级冲突，则强制推测线程回退。

通过添加这样一种机制，PTT 实现了一种新的带优先级判定的基于目录的缓存一致性协议。

11.4.5　推测线程提交

PTT 通过引入令牌定向传送机制实现了对推测线程按序提交的分布式仲裁机制。因此推测线程只需完成事务区操作，获得提交令牌，然后就可以执行提交操作了，也可以分为以下几点来说明。

（1）线程执行完线程的事务区之后就开始等待提交令牌，当它检测到自己的推测状态标志寄存器被置位时，就可以判定自己已经得到了提交令牌。

（2）推测线程在完成事务区操作并获得提交令牌之后，就进行清空日志、将对应缓存块的读/写标志位置 0、并将日志指针重新指向该日志的入口地址（以便处理后续迭代）等一系列提交操作，然后持有令牌进入线程的有序区继续执行。

（3）当线程获得提交令牌进入有序区后将继续执行有序区的代码，只有在线程执行完有序区所有计算以后，才将令牌定向传递给逻辑序相邻的下一个推测线程。

（4）然后线程将按照启动阶段的设定，以跨步形式执行后续迭代，设置自己的推测状态寄存器，重新进入推测执行。

（5）主线程在所有迭代完成后会进行同步操作，以等待所有辅助线程结束；而辅助线程在循环结束以后又将重新进入线程池进行休眠等待。主线程在检测到所有辅助线程均已完成迭代操作以后就完成了一次推测执行，并接着循环后面的串行代码继续执行，直到遇到下一个推测起始点。

11.5 PTT 模拟器实现

由于本书的硬件设计方案以 GEMS 全系统模拟器为基础进行修改，所以本节首先对该模拟器进行简要介绍。

11.5.1 GEMS 模拟器简介

威斯康星大学的 GEMS 模拟器是一个通用的多处理器体系结构模拟器，其主要的设计目标是模拟缓存一致的内存系统。它采用了模块化的设计和时序模拟与行为模拟分离的实现方式，借助商业化的 Simics 虚拟机在全系统的环境下负责解释程序的执行。在 GEMS 上可以运行操作系统和多核负载程序，从而满足体系结构研究人员对全系统模拟的需求。

它提供了 opal 和 ruby 两个时序模拟模块：opal 负责乱序处理器的时序模拟，而 ruby 负责存储层次和网络互连的模拟。为了方便用户更改和配置模拟器，ru-by 模块采用了标准化的缓存一致性协议规格说明语言 SLICC(Specification Language for Implementing Cache Coherence)来简化在 GEMS 模拟器中新增一致性协议的实现，从而显著地提高了开发一致性协议的效率。目前 ruby 中已经提供了十余种一致性协议的实现，其中就有 LogTM 模型使用的，经过修改的 MOESI 目录失效协议。本章的主要工作都在 ruby 模块中完成。

11.5.2 实现说明

PTT 模拟器需要在 GEMS 模拟器的基础上添加四种支持机制：①利用 SLICC 脚本语言对缓存一致性协议的冲突检测机制进行修改，以增加对优先级事务的支持；②将 PTT 的运行时库整合入 PTT 模拟器；③将剖析指导线程划分的剖析模块以在线剖析的方式集成入 PTT 模拟器；④将硬件令牌网络集成入 PTT 模拟器。

利用 SLICC 脚本语言对 PTT 模拟器的一致性协议进行修改的支持机制已经在本书 11.4.4 节中进行了详细说明，在此不再重述。

PTT 的运行时库支持机制也已经在本书 11.3.3 节中进行了介绍，其在线程各个生命周期的调用情况请参见 11.4 节。

将剖析模块集成入 PTT 模拟器主要是出于对在线剖析手段的考虑，通过剖析属于同一个推测点的占所有推测线程数目的前 5%~10% 的循环迭代，将其程序运行时特征动态反馈给 PTT，以进行对硬件系统可调的线程启动时延和依赖冲突重试时延的调整，最大化程序的性能。该部分内容将在第 12 章进行详细分析。

在模拟器中实现硬件令牌网络时主要利用 GEMS 模拟器处理器模块中的缓存控制器进行实现：①在 PTT 指令集中增加了两条指令专门用于检查缓冲区与发送数据，以支持读/写令牌缓冲区的功能；②核与核之间利用该缓存控制器的一个额外信道进行消息传输；③到达令牌网络的消息都必须经过该缓存控制器检查，然后再发送到令牌缓冲区的相应位置。

11.6　小结

本章首先从可扩展、易实现硬件优化设计的角度介绍了 PTT 的结构模型；然后又从协同线程划分机制的优化角度分析了 PTT 的编程模型；进而将软硬件优化手段结合起来，详细解释了各种软硬件手段如何在线程执行模型的各个阶段协同工作；最后对 PTT 模拟器的设计要点进行了说明。

通过本章的工作，完成了如下的目标。

(1)利用线程运行时库机制完成从线程到处理器的自动映射；同时利用硬件事务存储机制自动维护硬件系统的一致性。以此来实现硬件系统对软件划分机制的支持，极大地减少了程序员在进行并行程序设计时的繁杂工作和复杂程度。这对于普及并行程序设计、提高并行程序生产力都有着非常重要的意义。

(2)通过对事务进行定序，在 PTT 中统一了线程级推测与事务存储的硬件支持机制。这使得在同一套硬件设计中，可以同时支持两种线程级推测并行技术的推测语义，有利于简化硬件设计，实现平台互通。

(3)提出了一种新的支持优先级判定的基于目录的高速缓存一致性协议，并通过与片上网络互连结构的结合，突破了以往类似方案中总线等集中式结构对硬件系统可扩展性的限制。使得本系统具有硬件上的良好可扩展性。

(4)将剖析模块集成入 PTT 模拟器，实现了利用在线剖析技术对系统硬件执行机制的进一步实时调整，以实现最大化发掘程序中的潜在并行性。

第 12 章　PTT 基本性能评测

对新型体系结构的性能评测是非常重要的，它是衡量一个系统设计优劣的重要判断依据。一个好的性能评测方案应该满足三点要求：①能够正确、合理地评估系统设计的正确性和规范性，包括其是否满足了系统设计的思路、代码编码是否正确等；②能够正确、合理地评估系统设计的有效性，包括对系统设计的性能进行评测，从而给出指导性的优化信息等；③能够正确、合理地评估系统设计的灵活性，包括软件模块的灵活可配置性，是否能有效支持多种系统实现机制和新机制的加入。因此一个完备的测试方案应该首先评测系统的正确性，进而评测系统的有效性，更进一步评测系统的灵活性，这样才能充分反映系统设计是否合理、能否有效地开发程序中潜在的并行性、是否能有效支持系统设计的进一步优化和升级。

本书第 5 章已经详细给出了 PTT 的模型和实现，为了充分验证 PTT 的正确性，同时评估其对串行程序的加速性能，按照系统性能评测方案正确性、有效性和灵活性的要求，本章也将 PTT 的性能评测方案分为三个层次，依次对 PTT 进行详细的性能评测。

(1)选择具有普遍代表意义并且符合未来应用发展趋势的部分程序代码对 PTT 的基本性能进行正确性评测。

(2)通过调整 PTT 基本模型的各种实现机制，分析各种软硬件因素对系统性能的影响，给出一个较为合理的 PTT 软硬件协同实现机制，完成系统的有效性评测。

(3)从验证系统灵活可配置性的角度出发，将在线剖析模块引入 PTT，实现实时的系统优化手段；并通过在线剖析技术进一步协同软硬件手段对体系结构进行优化，充分验证本书提出的软硬件协同多核事务存储体系结构的合理性。

12.1　实验方案

12.1.1　方案简介

本章首先选择一组合理的测试程序对 PTT 的正确性进行基本评测，包括对其在不同核数方案下的加速比分析来评测系统的正确性和可扩展性，以及对程序线程回退率、IPC、缓存缺失率和链路延迟等因素的评测来分析推测执行对多核芯片性能的影响；然后再从 PTT 的互连拓扑选择、令牌网络实现手段、缓存组织结构、线程启动策略和线程重试策略等方向详细分析 PTT 的软硬件实现机制对系统性能的影响，给出一个较为合理的软硬件协同支持方案，以证明 PTT 设计的有效性；最后再将在线剖析模块引入 PTT，通过对线程启动阶段和线程执行阶段的实时优化进一步提升性能，同时证明系统的灵活可配置性。

如图 12-1 所示，PTT 的评测实验步骤如下：①首先利用剖析方法选择合适的循环结构作为线程候选；②按照 PTT 编程模型的规范对这些循环进行变换，以满足推测接口的要求；③将完成循环变换后的 PTT 程序交给 GNU 编译器进行编译和优化；④使用 GLD 链接器链接运行时库，生成 PTT 可执行文件；⑤将可执行文件放入 PTT 模拟器运行，得出统计信息并进行分析。

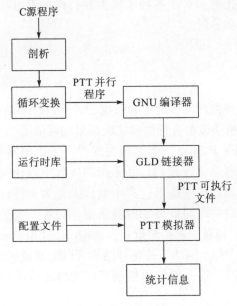

图 12-1　PTT 的评测实验步骤

12.1.2　测试程序说明

对 PTT 进行全面评测首先需要选择一组合理的基准测试程序作为本次实验的评估对象，它需要满足以下几点要求。

（1）具有普遍代表意义。不仅要是传统经典程序的代表，而且应用领域的覆盖面要宽；既要有适合线程级推测并行技术的应用，也要有不适合该技术的应用。通过第 3 章的分析，已经了解了桌面应用、多媒体应用和高性能计算应用对线程级推测并行技术的适应性，因此本书的应用应该从这些程序中选取。

（2）在多核时代依然重要。随着多核时代的来临和各种新应用的不断涌现，有些传统的经典程序已经逐步淡出了主流应用的范围，但有许多经典程序依然在各自领域占有一席之地。因此这些应用应该能在很长一段时期内发挥重要作用。

（3）符合未来应用发展趋势。应该着眼于未来应用发展趋势和计算机系统结构领域的应用评测发展趋势，选择符合伯克利技术报告（Asanovic et al.，2006）中所描述的核心代码 Dwarf 思想的应用程序进行分析。

因此，本书选择了从经典的桌面应用、多媒体应用和高性能计算应用等一些经典基准测试程序中抽取出来的核心代码基准测试程序 MicroBench（Micro-Bench website）作为本章的测试程序集。同时需要说明的是，作者所在实验室还在进行着类数据流指令级并行技术研究等工作，这些工作的测试程序集也采用这套 MicroBench，因此采用这套测试程序集也有利于本书工作在横向方向上和实验室其他工作进行比较，对比各种不同的并行性开发方法在开发程序中不同粒度并行性时的效果和异同。

12.1.3　实验配置

对 PTT 进行性能评测的实验配置和系统的计算访存通信代价模型也很重要，这直接关系着实验分析手段的合理性和实验结果的可信度。

表 12-1 详细说明了 PTT 模拟器的相关配置：①模拟器是高度可配置性的，说明模拟器的模块化划分比较合理；②系统的核数可以根据需要进行配置，满足不同应用对计算资源的不同需求，其中默认设置为 4 核；③处理器单核提供顺序功能模拟，配置成单周期最多发射两条指令；④一级缓存和二级缓存都默认为私有方式，4 路组相联，采用最近最少使用（Least Recently Used，LRU）替换算法进行缓存管理；⑤片上网络互连拓扑结构可以配置成树形网络或者 2D 环形网络，默认为令牌环网；⑥令牌传递机制可以选择硬件手段或者软件手段，默认为硬件传递令牌。

表 12-1　PTT 模拟器的相关配置

模拟器配置	说明
核数	可配置，默认 4 核
单核类型	可配置，默认顺序双发射 SPARC
一级指令与数据缓存	可配置，默认 4 路，64KB，私有，64 字节行大小，LRU 替换
二级缓存	可配置，默认 4 路，1M，私有，64 字节行大小，LRU 替换
片上网络互连拓扑	可配置，默认为令牌环网
令牌网络传递机制	可配置，默认为硬件传递令牌

　　而 PTT 的计算访存通信代价模型参数则在表 12-2 中进行了详细说明：①对整数的加法操作延迟设置为 1 个周期，而将乘法操作延迟和除法操作延迟分别设置为 12 个和 80 个时钟周期；②一级缓存和二级缓存的命中延迟分别为 1 个和 4 个时钟周期；③由于目录处于独立的高速缓存中，所以其目录转发延迟设置为 6 个时钟周期；④内存访问请求非常费时，本次实验将其设置为 80 个时钟周期；⑤线延迟问题会引起相邻节点间的链路延迟增大，因此实验将默认的通信延迟设定为 2 个时钟周期。由上可知，所有的代价模型参数都参考了相关的经典系统结构设计参数，以实现对实验过程的有效模拟。

表 12-2　PTT 的计算访存通信代价模型参数

类别	时钟周期/cycle
整数加法操作延迟	可配置，默认 1
整数乘法操作延迟	可配置，默认 12
整数除法操作延迟	可配置，默认 80
一级缓存命中延迟	可配置，默认 1
二级缓存命中延迟	可配置，默认 4
目录转发延迟	可配置，默认 6
内存访问延迟	可配置，默认 80
相邻节点间链路通信延迟	可配置，默认 2

12.2　基本性能评测

　　多核系统的基本性能评测主要是分析系统设计的正确性、可扩展性和相关系统开销这几方面。因此本节从程序在不同核数方案下的加速比、线程回退率、单核 IPC、缓存缺失率和链路延迟这五个与系统总体性能相关的影响因素入手，来评测系统的正确性、可扩展性和推测执行对多核芯片性能的影响，从而对 PTT 的整体性能进行基本的评测和分析。

12.2.1　加速比分析

　　对程序在 PTT 中不同核数下的加速比进行分析，可以有效地检验 PTT 硬件模拟器设计的正确性和可扩展性。如图 12-2 所示，将这八个程序按照其在推测执行时所表现出的不同程序行为特征分为两组进行说明。

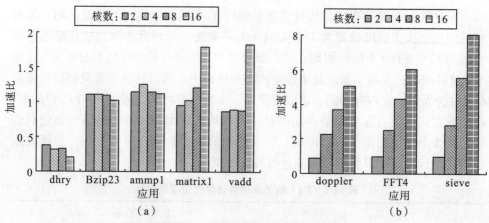

图 12-2　　程序在不同核数下的加速比

图 12-2(a)中的五个程序基本来自于传统的桌面应用,在采用线程级推测并行技术进行加速以后,其性能并未实现理想中的线性增长,甚至出现了个别程序减速的现象:①总体来说,这五个程序都未能得到很好的加速效果,在采用 8 核进行加速的时候没有一个程序的加速比超过 1.5,这是对多核计算资源的巨大浪费;②dhry 这个基准测试程序的始祖在 PTT 中反而表现出了减速的趋势,而 Bzip 和 ammp 这两个来自 SPEC CPU2000 的测试程序基本也没有得到加速,这说明如此类线程间数据依赖非常严重的桌面应用程序,的确不适合采用 PTT 进行加速——因为对线程进行推测和一致性维护是需要额外开销的,如果对其进行加速的效果还不能抵消进行推测带来的额外开销,那就是得不偿失了;③来源于矩阵运算等应用中的 matrix 和 vadd 程序在采用 16 核进行加速的时候得到了接近 2 的加速比,主要原因在于它们的线程间依赖局限在一定的范围之内,在推测线程数目超过这个范围之后,可以利用依赖无关线程的并行取得一定的加速,但是这种加速效果依然不够理想,相对于有效利用片上资源这个目标,还差得很远。

通过对这五个程序的分析可以看出,循环迭代间依赖严重的程序确实不适合采用 PTT 进行加速,其推测执行带来的好处甚至可能抵消不了该技术本身带来的额外开销,使得这些程序对多核芯片计算资源的利用率很低。这也符合第 4 章中的剖析实验结果。

而图 12-2(b)中的三个来自于多媒体和高性能计算领域应用中的程序则表现出了 PTT 对其良好的加速效果:①三个程序都随着多核芯片核数的增长而产生了线性的加速比,可见 PTT 本身是具有良好的可扩展性的,前述五个程序只是程序本身的行为特征导致了加速比不具备可扩放性的现象;②由于这三个程序本身用于支持推测执行的开销不一致,所以其加速比也有所不同,但总体趋势是一致的,对多核芯片计算资源的利用率也较高;③这三个程序在 32 核情况下的加速效果并未列在图 12-2(b)中,因为它们都出现了不同程度的减速特征,这也是和程序本身的潜在并行性相关的。就评测 PTT 的正确性和可扩展性来说，图 12-2 的数据已经足够，同时也可以看到采用 32 核进行加速时系统对多核芯片的利用率远不如采用 16 核进行加速时的效率高，这也比较符合第 4 章剖析实验中的结论。

　　总之，从对这些经典应用的加速比分析可以看出，PTT 模拟器从正确性角度看是符合系统设计思想的，并且具有良好的可扩展性，可以支持具有并行潜能的应用最大限度地开发出自身的潜在并行性。同时在引入计算访存通信代价模型对这些程序进行分析以后，其结论和第 4 章利用理想化模型进行离线剖析得出的结论是一致的，这也从程序实际运行的角度证明了本书提出的线程级推测并行性判定准则和研究方法的正确性。

12.2.2　回退率分析

　　PTT 支持推测执行所产生的性能影响主要来自于线程启动、执行和提交时的额外开销，其中对系统性能影响最大的因素还是线程在执行时产生的线程回退现象所带来的性能损失。因此本节选取这些程序在各自取得最好加速效果的核数下所发生的推测线程回退率进行分析。

　　从表 12-3 可以看出线程所能取得的最好加速比基本是和推测线程回退率成反比的：①doppler、FFT4 和 sieve 这几个能取得线性加速比的程序其推测线程回退率在 1% 左右，说明它们在线程执行过程中线程间的依赖程度较轻，因此可以得到很好的加速效果；②dhry 这个程序的回退率高达 90%，说明线程几乎就处在线程启动—遇到依赖冲突—重试—回退—再启动的过程中，其计算资源多用于无效计算，对于这种难以化解线程间依赖的程序，系统无谓额外开销太大，因此才会产生减速的现象；③其余几个程序的线程回退率也相对较高，因此能取得的加速效果不佳。

表 12-3　程序运行时的推测线程回退率

应用	核数	回退率
dhry	4	90.46%
Bzip23	4	42.56%
ammp1	4	38.15%
vadd	16	21.89%
matrix1	16	17.74%
doppler	16	1.17%
FFT4	16	3.72%
sieve	16	1.86%

　　由此可见，PTT 用于支持推测执行时的绝对额外开销并不大，对于本身依赖

不多的程序能实现较好的加速效果；但是如果程序本身迭代间依赖程度太高，则会带来大量的无关开销，极大地影响系统的整体性能。

12.2.3　IPC 分析

线程推测执行时对片上单核性能的影响也是评测 PTT 整体性能的一个关键因素。一个好的系统应该能充分利用每个单核的计算能力，通过良好的线程划分方案来完成负载平衡的任务划分，随着核数的增多而倍增系统的整体计算能力。

如图 12-3 所示，通过对 PTT 单核归一化的 IPC 进行分析，可以看出 PTT 可以有效地支持系统单核计算能力的充分开发：①如 doppler 等多数应用程序在核数从单核扩展到 16 核时基本都能维持单核的 IPC 值，即充分利用单核的计算能力来加速程序；②如 dhry 等几个加速效果不好的程序在核数从单核扩展到 4 核的时候依然能够有效利用单核的计算能力，由于本身并行潜能的限制使其在核数扩展到 16 核以后单核 IPC 有较大下降；③对于 dhry 等几个 IPC 下降明显的程序，其原因在于推测执行的线程产生了较多回退，致使很多推测计算结果失效，使用大量的计算资源盲目计算了大量的无效结果，所以其系统有效 IPC 值下降明显；④Bzip23 程序的加速比不高，但是单核 IPC 却非常高，这个现象看起来有些另类，其原因在于 PTT 在遇到线程间依赖的时候首先采用线程重试的策略，而不是直接回退，而 Bzip23 的线程间依赖冲突不会导致死锁发生，所以通过若干次重试即可避免回退现象的产生，因此其 IPC 值较高，但其实真正用于计算的 IPC 值并不理想，大多数计算都用于一致性维护了。

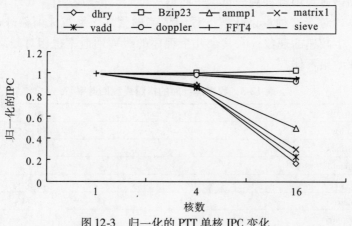

图 12-3　归一化的 PTT 单核 IPC 变化

通过以上分析，总体看来 PTT 还是能较好地将有效计算任务进行分配的，其以负载平衡的方式将具有较大并行潜力程序的计算任务分解成合适的单核负载，充分利用每个单核的计算资源与计算能力，从而提高整个系统的总体性能。

12.2.4　缓存缺失率分析

由于 PTT 采用令牌机制实现按序提交的功能，而软件令牌传递机制会产生大量的自旋现象以检测和等待线程完成提交。这种自旋现象会带来大量的缓存命中，但这些缓存命中无益于系统性能的提升，所以本书采用缓存缺失率对 PTT 的存储系统进行评测。

缓存缺失率随着核数增加的变化趋势对于系统的缓存设计是非常重要的。随着系统中推测线程的增多，对系统中缓存数据请求的访存次数和一致性维护所必须的访存次数会大量增加。如果因此导致单核缓存缺失率直线上升，就必须加大缓存的容量或者优化缓存的访存机制才能有效支持系统的访存需求，为硬件设计增加不小的复杂度。这样就不能满足易于硬件设计实现的要求，而且对于硬件缓存系统的可扩展性也不利。只有将单核的缓存缺失率控制在合理的范围之内，才能有效地扩展缓存系统的规模，优化访存的效率。

从图 12-4 来看，PTT 的归一化单核缓存缺失率并没有随着核数的增加而大幅上升，而是基本维持在一个合理的区间之内：①doppler 等几个取得了较好加速性能的程序其缓存缺失率虽然有所上升，但是基本在可接受的范围之内，只有 FFT4 在 4 核时其缺失率增加了大概 60%，但是随着核数的增多，系统的计算任务更为平均地分配给了各个单核，其缓存缺失率又重新下降到了单核时的缺失水平；②vadd 和 dhry 的单核缺失率经历了一个由低到高的过程，但是总体缺失率仍然较单核时更低，其缺失率后来转高的原因在于程序的无效线程回退带来了较多的维护一致性访存缺失；③其余几个程序基本属于本身并行性不够，但是计算任务划分较为合理，而线程重试等待的时间较多，因此出现几乎将单核上的缓存缺失平均分配到多核上的情况。

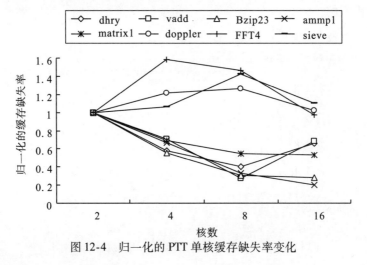

图 12-4　归一化的 PTT 单核缓存缺失率变化

可以看出，PTT 的缓存系统具有较好的硬件设计可扩展性，而且 PTT 合理的线程划分机制也有效支持了该系统的计算任务合理分配，实现了较好的负载平衡效果。

12.2.5 链路延迟分析

最后对 PTT 的链路延迟进行分析。随着多核芯片核数的增加，片上网络的链路延迟会随着传输距离和硬件复杂度的增加而增加，导致在未来多核芯片中，片上网络不能保证传统单核芯片中单点链路延迟为一个时钟周期的网络传输速度。因此，探讨在链路延迟增加的情况下，片上传输速度对系统总体性能的影响，关系到 PTT 设计可扩展性和硬件复杂度的设计承受能力，这是需要仔细研究的。

图 12-5 展示了 PTT 随着单点链路延迟从 2 个时钟周期逐步增加到 16 个时钟周期的系统总体执行时间增长情况：①从图 12-5 中可以看出即使链路延迟增长到 8 个时钟周期，系统的总体时间也并未出现较大的增长，相对于目前单点链路延迟为 1 个周期的情况，在链路延迟的可扩展性方面，PTT 设计可以承载今后相当长一段时间内链路延迟不断增加对系统性能产生影响的困难；②多数程序在链路延迟为 4 周期的时候反而表现出了比链路延迟为 2 个周期时更好的系统总体性能，这主要是因为 PTT 采用一致性协议维护一致性，遇到依赖冲突时会自动重试访问，如果链路延迟稍慢，相当于延缓了一部分线程重试请求，节省了部分系统额外开销；③而在单点链路延迟增大到 16 个时钟周期以后，大多数程序都出现了较大的性能下降趋势，这是由于链路延迟太大，缓存系统供数跟不上计算的脚步，从而发生等待的情况，使得多核芯片的计算能力不能得到充分利用。由此也可以看出，虽然 PTT 具有较好的链路延迟增长承受能力，但是也是有一定极限的，因此片上网络设计一定要注意这个问题，注意将系统的计算能力和网络传输能力匹配起来。

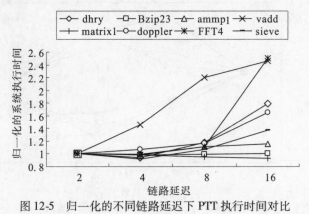

图 12-5 归一化的不同链路延迟下 PTT 执行时间对比

通过以上分析，可以看出 PTT 的总体设计能够较好地容忍网络延迟带来的问题，具有较好的可扩展性。

12.3　小结

通过本章对 PTT 在不同核数情况下的加速比、线程回退率、单核 IPC、单核缓存缺失率和链路延迟的分析，可以得出 PTT 是一个符合线程级推测并行设计思想、系统额外开销较小、能充分利用单核计算能力、具有良好硬件设计可扩展性、能实现合理线程划分以达到负载平衡的软硬件协同多核事务存储系统。

第 13 章 PTT 性能影响因素评测

在对 PTT 进行了基本的性能评测，基本验证了该系统的正确性和可扩展性之后，接下来将调整 PTT 线程执行模型的各种实现机制，分析各种软硬件因素对系统整体性能的影响，给出一个较为合理的 PTT 软硬件协同实现机制。

13.1 互连拓扑分析

对于多核芯片，采用何种网络拓扑将直接影响到片内单核间的通信方式与通信延迟，对网络拓扑结构的评价标准一般有三点：网络路由跳数、网络路由延迟和实际数据传输延迟。一个好的互连拓扑结构可以实现较少的平均网络路由跳数、较短的网络路由延迟和较短的实际数据传输延迟。其中，实际数据传输延迟才是最终的衡量标准。

常用的片上网络互连拓扑有树形网络(tree)、星形网络(star)、2D 环网(torus)和全相联网络等。从可扩展性的角度来看，星形网络存在着一个集中的中心节点，而全相联网络的设计复杂度会随着核数的增加呈指数级增长，都不能满足 PTT 可扩展性的要求，因此本书重点分析了树形网格和环网分别作为 PTT 的互连拓扑时系统总的执行时间比例，以选出最适合 PTT 的片上互连拓扑结构。

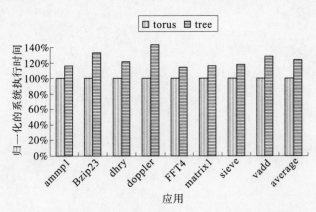

图 13-1 归一化的不同互连拓扑下 PTT 执行时间对比

图 13-1 说明了 PTT 分别采用 torus 和 tree 型的片上互连拓扑时系统执行时间的对比。可以看出，在采用 tree 型结构作为片上互连拓扑时，PTT 所需的平均总

体执行时间会比采用 torus 型结构时多出将近 20%。其原因就在于采用 torus 型结构时，片上单核节点进行通信时所经过的平均路由节点跳数比采用 tree 型结构时少，所以其实际数据传输延迟较短，实现了可扩展和高效率的双重目标。

同时由于 PTT 的令牌传递机制为了配合线程按序提交的执行模型，实行了定向地在相邻节点间传送令牌，所以采用 torus 型网络也能近乎完美地在环网中随着链路节点依次传递令牌。从这个意义上说，torus 型互连拓扑是非常符合 PTT 执行模型要求的片上互连设计选择。

13.2　令牌传递开销分析

PTT 实现了两种令牌网络传递机制：①通过共享变量的软件机制实现令牌在网络节点间传递；②通过硬件实际的片上网络进行令牌传递。软件机制具有实现简单、降低硬件网络传输负载的优点；而硬件机制虽然实现稍微复杂一些，但是具有可扩展性好、传输速度较快的优点。因此需要对这两种软硬件实现机制进行分析。

从图 13-2 可以看出，采用软件传递机制的 PTT 总体执行时间比采用硬件传递机制的平均执行时间多出了将近 50%。仔细分析其原因，主要是由于软件令牌传递机制会带来大量的令牌变量自旋现象，增加大量本地命中的访存；而硬件机制通过网络接口传递消息，不会增加额外的访存开销。可以看出软件机制采用共享变量虽然减轻了网络传输中的负载，但是增加了对本地缓存的无谓访问，因此并不能减少实际的系统总开销。而且软件机制实质上的集中仲裁方式不如硬件传递机制对可扩展性的支持效果。

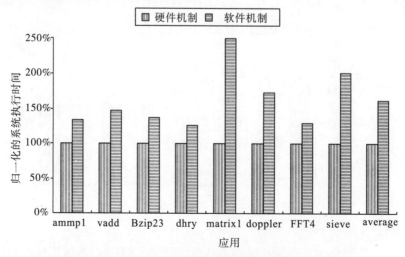

图 13-2　归一化的不同令牌传递机制下 PTT 执行时间对比

因此，采用硬件令牌传递机制比较符合 PTT 的设计要求，能更有效地提高系统的整体性能和可扩展性。

13.3　L2 Cache 组织方式分析

片上二级缓存(L2 Cache)的组织问题也是多核芯片中的一个重要选择：①共享(share)二级缓存可以提升二级缓存的容量，有利于减少线程访问时的二级缓存容量缺失，而且后续线程也许可以利用前面线程对缓存的"预热"效果来提升性能；②私有(private)二级缓存可以保证单个推测线程的重要数据存放在缓存空间中而不受其他线程的干扰，避免共享缓存中的关键数据被换出，导致推测线程停滞以等待长时间的访存操作从而极大地损害系统性能。

在传统的总线式多核芯片结构中，采用共享二级缓存能够利用"预热"等效果提升系统的性能；而在 PTT 这种分布式多核结构中是否也是如此就需要进行实验分析得到确切的答案。

图 13-3 说明了在私有和共享二级缓存的方式下，PTT 总体执行时间的效果对比图。从图 13-3 中可以看出在共享缓存的组织方式下，程序的平均执行时间比私有缓存方式下多出大概 20%，但主要是依赖冲突比较严重的程序其性能提升比较明显：①dhry、ammp1 等几个程序的性能提升较大，其主要原因在于这些程序的性能损失主要来自于线程间的一致性维护方面，而由存储系统的强制缺失所带来的性能影响相比之下并不大，因此采用共享二级缓存的方式并不能得到太多的减少容量缺失的性能提升；②doppler 等几个线程间依赖较少的程序用于一致性维护的额外开销较少，其主要的性能影响因素在于对访存的需求，由于 PTT 采用分布式的缓存一致性协议维护系统，所以这些

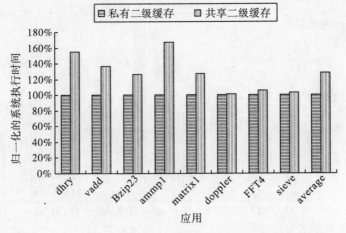

图 13-3　归一化的不同 L2 Cache 组织方式下 PTT 执行时间对比

程序的需求可以从得到访存结果的远端缓存进行存取(相当于总线结构中共享二级缓存的预热效果),因此对于这几个程序,性能的提升没有前述几个程序明显,几乎是持平;③PTT 的线程划分方案较为合理,因此各个单核的负载比较独立均衡,使得传统多线程方案中单个线程缓存缺失需求不平衡的现象在PTT 中较少出现,因此采用共享缓存来平衡这种线程需求不平衡的方案在 PTT 中并不适用。

总体来看,由于 PTT 较好地进行了线程划分和资源分配,而分布式的缓存结构可以利用远程缓存读取来达到总线结构中共享二级缓存的预热效果,所以PTT 此类分布式的多核芯片系统采用分布式二级缓存组织较为合适。

13.4　线程启动策略分析

在传统的事务存储方案中,推测线程遇到线程间数据依赖便会直接回退,因此采用积极的线程启动策略,可以尽早地发现依赖冲突,进行回退,以便减少系统无效计算开销。但是在采用线程遇到依赖冲突首先进行重试策略的 PTT 线程执行模型中,线程启动时采用积极(eager)启动策略还是懒惰(lazy)启动策略仍然需要进行分析:①采用积极的线程启动策略,可以节省线程的启动时间,也可以在线程依赖检测的时候提早检测到依赖发生以便做出相应动作;②采用懒惰的线程启动策略,可以避免发生一些不必要的依赖冲突检测,因为 PTT 的重试机制使得一些在传统方案中必须回退的线程可以采取等待并重试的策略,如果线程采用懒惰启动的方式,可以与等待线程产生一定的自动同步效果,减少系统用于一致性维护的额外开销。

图 13-4 说明了 PTT 分别采用积极和懒惰两种线程启动方式下的总执行时间对比。可以看出同时采取一种策略对所有的程序并不适用:①以 ammp 为代表的线程间依赖较为严重的程序在采用懒惰启动策略的情况下,其总体性能有了一定提升,其原因就在于这些程序的线程间依赖非常严重,而采用线程懒惰重启的方式可以节省很多不必要的线程冲突和线程一致性维护的开销;②而以 doppler 为代表的线程间依赖很轻的程序则在采用线程积极重启的方式下能取得较高的系统整体性能,其原因在于这些程序本身用于线程一致性维护的开销就不大,而更关注于线程的启动速度和执行速度提升对程序性能带来的提升,如果采用懒惰的线程启动策略反而强制地限制了线程的并行能力发挥。

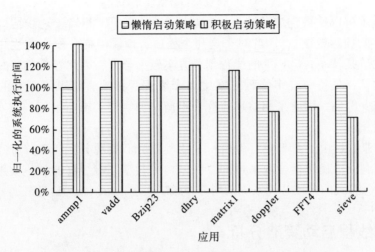

图 13-4   归一化的不同线程启动策略下 PTT 执行时间对比

由此可以看出，采用何种线程启动策略是不能一概而论的，具有各种不同
运行时特征的程序需要采用不同的策略来匹配，而且在线程启动时，是否延迟、
延迟多少都需要通过运行时程序特性来决定。因此，将如何对线程启动策略进
行优化放入第 14 章的在线剖析指导机制进行详细说明。

13.5   线程重试策略分析

和线程启动策略一样，推测线程在遇到依赖冲突以后采取何种线程重试策
略也会对系统性能产生较大影响：①如果线程重试的时间间隔过小，那么只会
带来过多的重试动作，进而为系统带来许多不必要的系统开销；②如果线程重
试的时间间隔过大，既不能充分发掘程序中的潜在并行性，也不能实现对多核
芯片计算资源的最大化利用。因此用重试时间间隔/单点链路延迟（retry time/
link time）这个指标对线程的重试策略进行分析，分析其是否有统一优化模式的
可能。

如图 13-5 所示，对线程重试策略进行优化的拐点是所有分析因素中最没有
规律的：①在重试时间间隔为链路延迟 4 倍、8 倍的时候都分别有程序表现出了
可能的转折点，但并没有占到绝对的优势，只是因为各自程序的特点而产生如
此现象；②如 FFT4 程序基本就没有出现拐点，一直是一条近乎平滑的直线；
③而如 sieve 程序到 16 倍指标的时候依然没有表现出拐点的迹象，仍然能够继续
提高其系统性能。

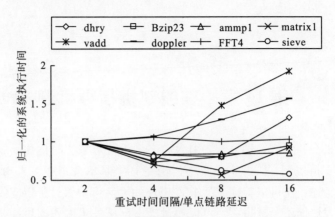

图 13-5　归一化的不同线程重试策略下 PTT 执行时间对比

产生这种现象的原因在于各个程序本身的运行时特征是不一致的，而线程的重试策略是和线程间的依赖密切相关的，只有动态地获取线程间的运行时特征，实时反馈给 PTT，对每个线程进行单独的针对性的优化才可能达到最大化线程并行潜力的效果。因此也将这部分内容放入第 14 章的在线剖析指导机制详细说明。

13.6　小结

通过本章对 PTT 基本模型的各种软硬件支持机制的分析，可以得出如下观点，分布式软硬件协同的多核事务存储体系结构 PTT 与传统的基于总线的集中式事务存储系统不同，它适合采用如下软硬件协同机制来支持系统实现：①采用环网作为片上网络互连拓扑；②采用硬件支持的手段传递令牌；③采用私有二级缓存的方式组织访存系统；④利用在线剖析机制指导线程的启动和重试策略。

第 14 章　在线剖析指导机制

从前面的分析可知，PTT 需要引入动态剖析技术来实时优化系统对推测线程执行模型的支持机制，因此本章集中讨论在 PTT 基本系统中引入动态剖析模块，有以下几个考虑：①可以验证 PTT 软件模块的灵活可配置性，以支持该系统随着技术的不断发展而不断改进；②可以通过动态剖析技术的引入进一步协同各种软硬件因素，将线程划分与线程执行通过剖析指导的优化技术更有效地结合起来；③通过将前面提出的离线剖析机制集成入 PTT 的在线剖析模块，可以进一步证明本书提出的剖析指导机制的正确性和灵活性；④通过为 PTT 在线剖析机制设定判定标准，提出一个针对线程级推测并行技术的性能分析模型。

14.1　性能分析原理

PTT 推测线程在线剖析原理主要基于以下思路：①将线程的推测执行过程划分为不同的阶段，即剖析运行阶段和普通运行阶段，其中剖析运行阶段为整个推测执行阶段的 5% ~ 10%，以满足低开销而又获得足够的程序运行特征的要求；②通过将剖析阶段捕获的程序运行时特征反馈给 PTT，调整推测线程的执行模式，如线程是否推测执行（改变线程初始划分方案）、线程内部依赖变量的调整（划入事务区或者有序区）、线程启动等待时间、线程重试等待时间等，然后调用编译支持和运行时库支持开始进入普通运行阶段；③线程处于普通运行阶段则按照 PTT 给定的执行模式参数一直运行到结束，直到程序运行状态发生大的改变，才唤醒剖析模块重新运行。

由此可以看出，通过将在线剖析技术引入 PTT，可以更好地实现解放程序员和提高性能的目标——程序员只需粗略地划定估计具有较大并行潜能推测执行的区域，而 PTT 则通过在线剖析模块分析循环结构的运行时特征，然后设定该区域的推测执行模式（如果依赖太严重则改为串行执行），自动调用编译支持和运行时库支持进行推测执行。PTT 通过剖析进一步将软硬件因素协同起来，既减轻了程序员的编程困难，又提高了程序的运行性能。

PTT 的在线剖析具体实现分为如下几部分：①将按照第 3 章提出的判定准则而设计的剖析机制设计成符合 PTT 扩展要求的在线剖析模块，将其集成入 PTT 中；②设计在线剖析模块调用接口函数，在系统需要进行剖析的时候直接调用该模块进行剖析执行过程；③设计 PTT 线程执行模式调整模块，用于接收剖析模块的分析数据，判断该区域是否适于推测并行，并调整 PTT 的线程执行模式参数；④设计程序状态监控模块，用于检测推测执行阶段过程的运行时状态改变，在满足触发阈值时重新启动剖析；⑤其余原有模块在普通执行阶段正常执行。

如图 14-1 所示，PTT 进入一个推测执行点时的在线剖析流程如下：①在推测

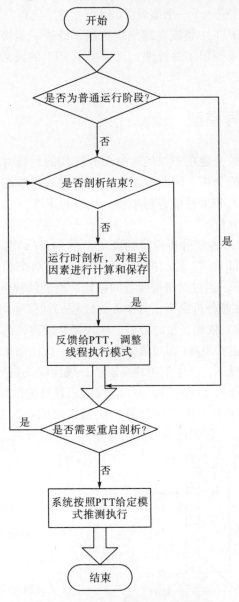

图 14-1　PTT 中推测线程在线剖析原理

执行开始后，按照设定的剖析时间段，首先进入剖析执行阶段，调用在线剖析模块运行，搜集程序执行时的相关运行时特征；②剖析阶段结束，程序进入普通运行阶段，PTT 根据剖析阶段的相关数据，设定推测线程的执行模式，包括是否推测执行和推测执行时的执行模式参数设定；③程序按照 PTT 设定的参数，调用编译支持和运行时库支持来实现线程的自动推测执行；④如果监控模块检测到程序行为的变化达到了重启剖析的阈值，则重启剖析(一般较少)；⑤如此下去，一直执行到推测结束，在进入下一个推测点后又开始这个流程。

总之，通过在 PTT 中集成在线剖析机制，既进一步协同了软硬件机制来更好地解放程序员和发掘程序并行性，又证明了 PTT 的灵活可配置性，可以随着技术的发展而不断改进。

14.2　剖析指导模型

在线剖析技术的关键在于如何通过部分迭代的运行对整个循环推测执行的性能进行比较准确的分析。因此本书在第 3 章线程级推测并行性判定准则的基础上又进一步提出了 PCL 性能分析模型，用以在 PTT 中支持其在线剖析模块对程序性能进行有效分析。

图 14-2 就是 PCL 性能分析模型的说明。图 14-2(a)为携带线程间依赖冲突的线程初始示意，T1 和 T2 表示携带线程间依赖的两个相邻推测线程；图 14-2(b)是在理想情况下，通过对携带线程间依赖冲突的线程进行完美同步(synchronization)而产生的性能分析模型，其中 L 为线程的加权平均粒度、P 为线程的加权平均生产距离(即对依赖变量的最后一次写操作距离，可参见第 3 章定义)、C 为线程的加权平均消费距离(即对依赖变量的第一次读操作距离)；图 14-2(c)说明了在实际运行情况下，产生依赖冲突以后，线程应该如何选择重试时机，w 为线程依赖对应写操作的系统时间，而 r 为线程依赖对应读操作的系统时间。在线剖析模块通过对以上几个因素的计算，依据提出的 PCL 性能分析模型来指导 PTT 的线程执行模式。将该性能分析模型分为三部分分别进行说明。

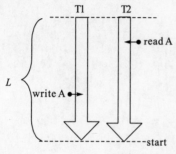

L：线程加权平均粒度

P：线程加权平均生产距离

C：线程加权平均消费距离

W：线程依赖对应写操作时间

r：线程依赖对应读操作时间

(a)线程初始

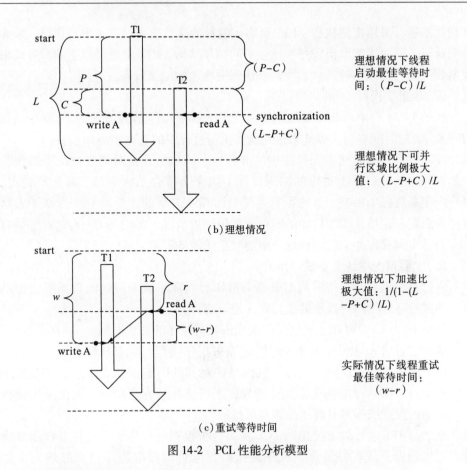

(b)理想情况

(c)重试等待时间

图 14-2 PCL 性能分析模型

(1)理想性能加速比上限。

如图 14-2(b)所示，在 T1 和 T2 对线程间依赖冲突进行完美同步时，可以避开系统实际时间，而通过在第 3 章中定义的线程自身生产距离和消费距离对系统性能进行分析。这也是本书提出 PCL 性能分析模型的缘由。

因为依赖线程在产生完美同步时，线程间的并行执行区域最大，所以通过计算可知，对于此并行区域中的推测线程，其推测过程中的可并行区域最大比例为$(L-P+C)/L$(图 14-1(b)为只有两种线程的计算过程，如果在多个线程同时推测执行时，可并行区域的比例会小于此值，当前值通过数学计算可知为此种情况的极大值)。根据 Amdahl 定律，可以得出该循环的最大加速比 $S < 1/(1-(L-P+C))$。因此也得出了对该推测区域的理想加速比极大值：$1/(1-(L-P+C))$。

在线剖析模块通过这种分析来判断该候选循环结构是否具有较大的并行潜力，通过设定一个阈值和计算出的加速比极大值进行比较，在加速性能过小以至于不能抵消推测执行所带来的开销的情况下，在线剖析模块判定当前候选循环结构不适合采用推测执行，PTT 会将该线程的执行模式设定为串行执行，放弃推测执行。而对于能取得较好加速效果的循环结构，PTT 则通过以下两种方式来设定线程执行模式中的系统参数，以达到更理想的加速效果。

（2）理想线程启动等待时间。

从图 14-2（b）中可知，要达到完美同步的效果，T2 线程应该比 T1 线程延迟 $(P-C)/L$ 的时间启动，以此来达到线程执行过程中的自动完美同步从而避免依赖冲突的发生又最大化发掘程序中的并行性。当然，这是对理想情况下线程各项加权平均值进行分析得出的结果，并不能完全符合系统中的实际运行情况。但是由于系统各项影响因素的影响是复杂而相互关联的，所以 PTT 采取了去繁就简的原则，在指导线程启动的时候就采用理想情况下的 $(P-C)/L$ 延迟等待时间，而将出现线程冲突后的处理交由线程重试等待策略完成。

（3）实际情况中线程重试等待时间。

通过对线程启动等待时间的分析，可知对线程重试等待时间就需要根据系统中的实际运行时间对线程的执行模式进行修订。

从图 14-2（c）中可知，通过保存线程依赖写操作的完成时间 w 和对应线程依赖读的请求时间 r，以 $w-r$ 这个时间间隔来指导线程重试是比较合理的。当然系统中依赖关系比较复杂，而且一致性维护对其的影响也很大，但是 PTT 的剖析指导也是提供一种定性化的大致指导，不可能达到完全精确，因此采用该指标来指导线程重试等待时间也是切实可行的。

总之，PTT 通过以上提出的 PCL 性能分析模型对程序运行提供在线剖析指导，可以帮助系统更好地优化程序的执行，也可以帮助程序员更好地完成并行编程。当然，在线剖析模块也会引入一定的系统开销，因此将通过实验来分析以上这些因素的影响效果，也借此验证提出的 PCL 性能分析模型的有效性。

14.3　性能评测

在线剖析模块对线程启动阶段的优化作用主要有两个：①通过剖析判定程序员初步选定的并行区域是否有效，以决定是否对该区域推测执行；②通过对数据依赖程度的分析，来决定线程采用何种启动策略——积极的还是懒惰的，如果采用懒惰的启动策略，那么线程应该延迟多长时间才启动。当然，随着在线剖析机制的引入，系统会增加一部分额外开销，这部分开销对系统总体性能的影响有多大，也是需要通过实验来分析的。

14.3.1　线程启动策略分析

图 14-3 给出了这些程序在线程启动阶段采用初始的懒惰、积极启动策略和加入在线剖析指导(profile-guided)后程序执行时间的对比。从图中 14-3 可以看出在采用了在线剖析指导机制以后，程序的平均执行时间有了较大幅度的下降，有效地提升了 PTT 的整体性能：①对于 ammp1 等以前采用积极启动策略性能下降的程序，在采用剖析指导策略以后，通过对其延迟启动时间的更准确指导，其性能有了较大提升，其中 matrix1 和 vadd 由于其依赖情况的特殊性，通过剖析给出指导以后，性能提升尤其明显；②dhry 在以前的启动策略下其实都是减速的效果，在采用剖析指导策略以后，由于该程序不适合推测执行，在程序执行时由 PTT 将其中不适合并行的部分改成了串行执行，反而带来了性能的提高，基本可以达到完全串行时的运行速度，这也证明了 PTT 具有较好的自适应性，通过 PCL 性能分析模型可以较好地对程序执行进行准确指导；③FFT4 是唯一一个性能下降的程序，其原因在于该程序线程间几乎没有依赖，而采用在线剖析机制引入了一定的额外开销，因此该程序并未在在线剖析机制中获得好处，但是即使这样，额外的开销也不大，是可以承受的，相对于其他程序获得的好处，这点开销是值得的；④其余几个程序也是通过剖析指导相对于积极的启动策略取得了更好的线程启动时机，减少了线程一致性维护带来的额外开销，因而获得了更好的加速效果。

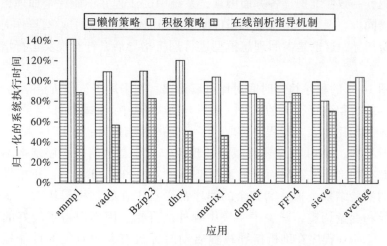

图 14-3　归一化的线程启动策略优化后的执行时间对比

由此可知，在 PTT 中引入在线剖析技术指导线程的执行模式调整，虽然带来了一定的额外开销，但是对于大多数程序，都取得了较好的加速效果，而且可以根据程序自身的特点进行自适应性的执行模式调整，将不适用于该技术方案的程序按照原来串行的方式执行，达到了解放程序员和提高程序性能的双重目标。这个结果也证明了本书所提出的 PCL 性能分析模型的有效性，可以有效指导 PTT 的线程划分与线程执行机制。

14.3.2　线程重试策略分析

PTT 在线剖析模块对线程执行阶段的优化也包括两方面：①通过对线程中变量的调整（调入线程中有序区）来减少依赖发生，提高程序性能；②通过对线程重试策略的优化来加速程序的执行。

对线程中变量的调整主要是通过剖析，将引起太多依赖的变量反馈给 PTT，由后续阶段的编译支持通过代码变换将其放入有序区，以减少不必要的线程间依赖发生。

PTT 采用了线程冲突后首先进行重试的策略，减少了很多不必要的线程回退等操作，但是过多的重试请求也会消耗系统的片上网络带宽并增加无谓的一致性维护开销。通过 14.2 节的分析可以看出，线程重试时机的选择基本是没有固定的模式可以采用的，只能通过在线剖析的方式对各个程序进行针对性优化，以获得更好的程序性能。

PTT 中的在线剖析技术首先通过对理想模型的分析，借助线程启动延迟的剖析指导来达到线程自动同步的效果；但是在系统实际运行中，由于片上网络、访存延迟、一致性维护等各方面因素，系统中的线程并不能完全如理想状况下自动完美同步。因此 PCL 性能分析模型依据当前依赖操作的读/写操作时间差来进行剖析指导，这也是参照理想模型进行剖析指导后，针对现实运行情况的一种修正。

从图 14-4 的程序执行时间对比可以看出，在采用了该剖析指导机制以后，程序的性能也得到了很大的提升。通过与第 13 章中（重试时间/链路延迟）为 2 和 8 的方案相比，大多数程序都取得了一定的性能提升：①FFT4 和 doppler 的性能提升不大，FFT4 甚至还有减速的现象，主要是这两个程序基本不存在依赖，因此在线剖析机制反而引入了额外开销，这和 14.3.1 节剖析指导线程启动策略的实验结果类似；②其余的程序都受益于在线剖析模块对重试时机的准确指导和变量调整，减少了系统中额外的开销，因而取得了较好的程序性能提升；③sieve程序在剖析指导线程启动时并没有获得较大的性能提升，而在这个实验中却获得了较大的提升，其原因就在于 PTT 中的变量调整优化机制，PTT 通过将该程序中唯一一个依赖变量调整到线程中的有序区，有效地减少了依赖的发生，提高了线程的实际并行度，使得程序进一步获得了性能提升。

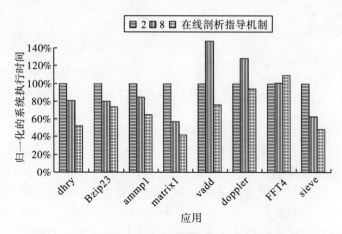

图 14-4　归一化的线程重试策略优化后的执行时间对比

可以看出，通过将在线剖析机制引入线程执行阶段，不仅可以有效解决线程重试机制带来的额外开销问题，还可以通过变量调整等技术手段完成对程序的进一步优化，实现对 PTT 整体性能的提升。

14.4　小结

本章通过将在线剖析技术引入 PTT，整合线程划分与线程执行、静态与动态、软件与硬件的协同工作关系，以获取程序运行时特征来指导线程启动、线程执行模式调整和线程中变量调整等优化，实现了 PTT 对程序的实时优化和整体性能的进一步提升，同时也证明了 PTT 的灵活可配置性。

通过将在线剖析机制引入 PTT，取得了如下认识：①PCL 性能分析模型是有效的，它可以对采用线程级推测并行技术进行加速的程序进行正确的在线剖析指导；②通过在线剖析技术的引入，PTT 进一步协同了系统设计中的软硬件因素，取得了程序性能的进一步提升；③PTT 设计是合理的，具有良好的灵活可配置性，可以通过模块的引入和改变不断支持技术的发展。

第 15 章　连续两阶段剖析指导性能优化

在建立和评估了推测执行平台后，本书的研究重点转向了剖析指导的渐进多线程软件优化系统设计。作为渐进软件优化系统的一部分，在 SPoTM 平台上设计并实现了一个在线剖析指导的动态优化框架。在本章中，将首先阐述剖析技术对推测多线程的重要意义和离线剖析的不足，同时回顾了当前已有的剖析指导推测多线程优化工作。接下来详细说明了动态优化框架的设计和实现。最后通过实验评估了动态优化框架对推测执行性能的实际提升效果。

15.1　优化原理

从一系列实验和分析可以看出，一个程序在推测并行后能获得的性能提升，受制于硬件和软件上的诸多因素。硬件方面，结构与执行模型所包含的多个因素之间相互影响，想要单独分离出其中一个的效果，然后寻找它的优化配置，是非常困难的。而软件方面，软件优化的目标和结果比较明确，如事务划分、值预测等。因此，考虑从软件方面入手，通过代码变换改善工作负载特征，以此作为推测多线程优化的主要途径。

仅通过执行加速比来衡量一个方案的优劣显得过于粗糙，从微观的角度，可并行循环的动态执行覆盖率和推测线程失败率/重启率是决定一个程序推测并行性能的关键因素。因此，提高并行覆盖率和降低推测失败率将作为进行软件优化的直接目标。

并行覆盖率的考虑来源于 Amdahl 定律，即并行性能提升的上限受制于并行部分占整个程序执行时间的比例。提高并行覆盖率，最简单的方法是把程序中所有的循环都并行化。但如果某些循环并不适合推测并行，如它们携带频繁的迭代间依赖，结果就会适得其反，因为这样大范围的选择忽视了第二个因素，即推测失败率。推测失败的线程需要等到进入非推测状态时执行，此时那些逻辑序早的线程已经完成并提交了，这种情况相当于串行执行。推测执行本身增加的额外开销，还会使程序这部分的性能比串行执行时更差。所以，选择适当的循环，也就是那些执行时间较长并且推测失败率较低的循环来并行，是优化工作负载时要完成的第一个任务。另外，从 SPoTM 实现的特殊性来说，循环适合并行的条件还应该包括迭代长度适中、只含稀疏系统调用等。当然，可以通过循环变换等手段获得一个适合并行的循环。

对于一个含有明显的迭代间依赖的循环，也不一定要把它排除并行选择之外。SPoTM 线程执行模型所支持的事务划分就是一个潜在的解决方法。迭代的执行分成两个阶段，即推测的事务区域和事务之后的非推测区域。非推测区域按照迭代间原始的逻辑序顺序执行，称做有序区域。如果把一个依赖频繁的读操作放入有序区域，那么它就会等到之前所有迭代都完成后才执行，因为这时前面那些迭代的写操作结果都已经可见，所以读操作肯定能得到正确的数据，不会引起写后读依赖冲突。把循环体代码拆分成事务区域和有序区域两部分，以避免依赖冲突造成的推测失败，这种优化称为事务划分。为一个循环选择适当的事务划分，是在推测多线程软件优化中要完成的第二个任务。

事务划分能使一个直接并行效果很差的循环变成适合并行的循环，从这种意义上说，选择适当循环和事务划分这两个任务是相互联系的。在实际处理中，一般先从迭代长度等方面入手初步选择一些循环为并行候选者，接着再根据依赖分析的结果执行事务划分，划分后再最终决定哪些循环是适合并行的。

事务划分虽然能够降低推测失败率，但它是以线程并行度损失为代价的。当有序区域所占比例太大时，太少的并行部分不足以抵消推测执行引入的额外开销，导致性能低于串行执行。为了避免事务划分的负面效果，必须限制有序区域的长度。在进行划分时，只有那些确定引起冲突的读操作才应该放入有序区域，如果这样的访问太多造成有序区域长度越界，就放弃被处理的循环。于是问题回到了如何确定循环中携带频繁迭代间依赖的指令上，这种对象的行为也只有通过剖析来预测。

剖析技术的使用有离线和在线两种方式。传统的离线方式需要先执行一遍程序以收集信息，然后再反馈结果给编译器或者程序员进行优化。这种方式在程序试验运行中，需要使用培训输入集，这个培训输入集必须能够体现程序将来正式执行时的输入特征。如果它不能表达程序运行时的工作负载特征，那么试验运行得到的剖析结果就可能使程序不能被正确优化。但是想得到一个程序有代表性的输入集，不是一件容易的事情。例如，一些商业计算程序，往往都有多种功能以适应不同的应用场合，每次执行时由于输入集的不同，程序行为差异很大。对于这类程序，不可能为它们找到一个能代表所有应用特点的通用输入集来进行剖析。从剖析对推测多线程优化的重要意义上来说，离线方式实际上阻碍了推测多线程的广泛应用。而在线剖析和程序动态优化能够克服缺少通用输入集的问题，接下来将分别介绍离线剖析和在线剖析技术。

推测多线程优化需要剖析技术的支持，但是离线剖析使用起来有较多的限制，因此需要寻找一种更加灵活的剖析指导优化方案。可以采用在线剖析，因为它不需要额外的培训输入集，也不需要一次单独的测试运行。它在程序执行的开始阶段执行记录和分析工作，剖析结果在运行当中就被使用以优化代码。程序的后续执行将使用新生成的优化代码。这种技术已经在一些动态优化系统

（Krintz，2003）中被采用。它们只剖析程序运行期前面的一小部分，以此来推测整个程序执行期的行为特征，如确定那些频繁执行的代码区域。

在本章中，提出了一个连续两阶段剖析指导的推测多线程动态优化框架，这个框架运行在 SPoTM 推测多线程平台上。它负责执行针对推测并行循环的在线剖析和动态优化。为了降低运行时优化过程的开销，多个可能的循环优化版本在静态编译阶段提前生成。在运行时，根据初始剖析的输出结果，适当的优化代码版本将被选择执行。当前的优化框架实现了动态事务划分，还支持软件值预测和三区域划分等优化技术。

在线剖析指导的动态优化方法是一个连续的两阶段过程。在开始阶段，程序运行在单核上，只有一个线程执行程序的串行代码版本。这个版本和原来的串行程序没有大的区别，只是额外添加了执行剖析的插桩代码。在开始阶段结束后，程序暂停，一个优化过程被调用。优化过程根据开始阶段剖析的结果预测程序的后续行为，对原串行代码进行相应的优化。优化完成后，程序进入第二个阶段，使用新生成的优化版本来恢复执行，不再执行剖析工作。如果在优化版本的执行过程中观察到程序行为特征发生改变，程序会再次进入剖析阶段，执行带插桩代码的串行版本，重复上面的处理过程。在连续两阶段的定义当中，两阶段指的是程序执行总是处于两个阶段之一，要么是剖析阶段，要么是优化执行阶段，连续指的是当程序运行特征发生改变后，一个新的剖析-优化周期会被再次触发。

为了描述方便，首先对本章中要使用的一些术语提前进行说明。

冲突候选者（Violation Candidate，VC），指的是循环体中可能携带迭代间依赖的读访问。

频繁冲突候选者（Frequent Violation Candidate，FVC），指的是 VC 集合中已经被确认依赖经常出现的读访问。

依赖冲突源指的是循环体中携带迭代间依赖的写访问。

15.2　技术框架

图 15-1 给出了连续两阶段剖析指导优化框架的一个直观的描述。整个处理过程可以分为静态编译和运行时优化两步。

在静态编译时，编译器或者程序员需要先选择一些循环作为并行候选，同时对这些循环内部潜在的冲突候选者进行预测。将使用图 15-2 中的循环代码作为例子，演示静态编译时怎么通过代码变换来支持运行时的事务划分。在这个循环中，函数 foo1 是迭代无关的。如果条件表达式 cond1 为 0，语句 S1 将携带迭代间依赖。根据 cond1 在循环执行当中为 0 的概率，可以决定是否需要移动 S1 进入事务区域。这个概率在程序执行前不能获得，因此为了记录该分支执行次数，边剖析代码被加入原来的循环体当中，作为串行剖析代码版本，如图 15-3(b)所示。接下来编译器还需要为循环生成分别针对不同剖析结果的预先优化代码版本，这些可能的版本如图 15-3(e)和图 15-3(f)所示。关于预先优化技术的细节将在 15.2.2 节讨论。

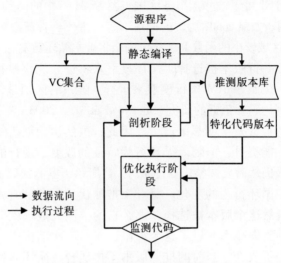

图 15-1 连续两阶段剖析指导优化框架

图 15-3(a)显示，两阶段剖析指导的优化过程被一个主循环驱动。执行开始时，剖析版本由主线程独自执行，也就是说，执行是串行的。除了循环体原有的计算，额外添加的插桩代码负责记录迭代内控制流和迭代间数据依赖的信息。在图 15-3(b)中，函数 branch_profile 将记录条件表达式 cond1 为真的次数。初始剖析阶段将持续若干个迭代，一般预先设定一个固定的迭代次数，如 200 次。

```
While i < N
{
    foo1();
    if cond1
        j = 1;
    else
        j = i - 1
S1: v [i] = foo2 (v [j]);
    i + +;
}
```

图 15-2 推测并行循环的串行源代码

当剖析阶段结束后，一个如图 15-3(c)中 decision_routine 的运行时决策过程将被调用。它分析剖析搜集的数据，以决定哪些访问是当前的频繁依赖候选者。根据不同的频繁依赖候选者集合与预先优化代码版本之间的映射关系，为剩下的迭代选择一个当前最优的版本。这个版本可能是一个推测并行版本，也可能是原来的串行版本。后者说明这个循环不能通过推测多线程执行提升性能，因此它从候选循环中被抛弃，接下来的迭代都将只被主线程串行执行。在图 15-3 的循环中，函数 decision_routine 决定 cond1 是否总是为 1。如果确实如此，那读访问 v[j] 就不是一个 FVC，语句 S1 可以被移入事务区域。图 15-3(e)中的函数 loop_version1 将在主循环中被调用。如果 cond1 为 1 的概率不高，那么 v[j] 就会被当成一个 FVC，图 15-3(f)中事务区域较小的函数 loop_version2 将被主循环触发。

如果一个推测并行版本被选择，循环接下来将进入优化执行阶段。在这个阶段中，它基本上按照 SPoTM 执行模型来运行。唯一的区别是，有序区域会执行一段额外的监测代码。最近的研究（Sherwood et al.，2003）表明，一些程序在执行过程中行为特征会发生明显的改变。因此，虽然初始剖析结果已经证明推测并行能够获得性能提升，但随着循环行为特征的改变，现行的版本可能不再最优，其执行方式仍然需要调整。如图 15-3(d)所示，监测代码通过计算当前的推测重启率来监控循环行为的变化。每一个推测代码版本都有其能够承受的推测失败率上限，既然这个版本被选择，那么它的推测失败率就应该保持在这个范围之内。如果推测失败率超过了这个界限，那么上次剖析得到的程序行为特征很可能已经发生了改变。当前的推测版本不再适合，循环需要再执行一个新的剖析 - 优化周期。在图 15-2 的程序中，函数 optimized_version 因为 monitering 宏中断了循环而返回，因此驱动循环将执行下一次迭代。这种纯软件方式使动态优化框架能够处理那些运行时特征会阶段性改变的循环。

```
While global_i < N
{
profiling_version();
decision_routine();
global_i=(*optimized_version)(global_i);
}
```

（a）主循环

```
decision_routine()
{
 if (cond1 is always true)
    optimized_version=func1;
 else
    optimized_version=func2;
  spawn_threads(num_threads-1,
    optimized_version)
}
```

（c）决策函数

```
profiling_version
{
  M=global_i+200;
  while (global_i<N) && (global_i<M)
  {
   foo1();
   branch_profile(cond1);
   if cond1
      j=global_i;
   else
      j=global_i-1;
   v[global_i]=foo2(v[j]);
   global_i++;
  }
}
```

（b）剖析阶段执行的代码版本

```
#definemonitoring                  \
   if (restart_rate >  threshold) \
   &&(thread_id==0)               \
   {                               \
   terminate_other_threads();\
   break;                         \
   }
```

（d）监测代码

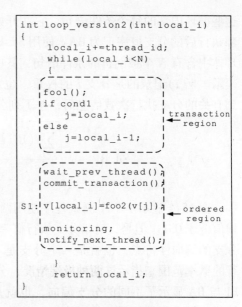

```
int loop_version1(int local_i)
{
    local_i+=thread_id;
    while(local_i<N)
    {

        foo1();
        if cond1
            j=local_i;
        else
            j=local_i-1;
S1:     v[local_i]=foo2(v[j]);          ← transaction
                                           region

        wait_prev_thread();
        commit_transaction();
                                        ← ordered
        monitoring;                        region
        notify_next_thread();

    }
    return local_i;
}
```

```
int loop_version2(int local_i)
{
    local_i+=thread_id;
    while(local_i<N)
    {

        foo1();
        if cond1
            j=local_i;
        else
            j=local_i-1;                 ← transaction
                                           region

        wait_prev_thread();
        commit_transaction();
S1:     v[local_i]=foo2(v[j]);
                                        ← ordered
        monitoring;                        region
        notify_next_thread();

    }
    return local_i;
}
```

（e）优化代码版本 1　　　　　　　　　　　（f）优化代码版本 2

图 15-3　推测并行后的优化代码

15.2.1　初始剖析

　　动态优化方案利用程序开始阶段的剖析结果预测整个执行过程的特征，因此它遇到的第一个挑战就是判断初始在线剖析的精确程度。初始剖析必须能够为接下来的推测多线程优化提供足够准确的信息，这是方案有效的前提条件。在线剖析引入的目的是取代离线剖析，它需要提供和离线方式相同精度的结果。

　　剖析的目的在于确认静态编译阶段不能决定的数据依赖访问。这些依赖不能确定的原因在于程序中存在大量不能够静态解析的条件分支语句或者别名引起的模糊访问地址。在剖析循环时，迭代间依赖概率可以直接通过基于地址比较的访存剖析获得，也可以间接地通过控制流剖析取得分支到达概率，由分支概率来计算对应路径上的依赖概率。对于控制流剖析，最近的研究（Wu et al.，2004）已经证明，对于 SPEC CPU2000 程序，即使是非常短的初始剖析过程，也能提供与传统剖析整个运行过程的离线方式精度相当的结果，如关于程序执行的热路径信息。本书的方案中采用的边剖析方法和推测热路径时使用的是相似的，不过考虑到推测并行循环的特殊性，还是专门对它们的边剖析精度进行了评估。测试用例还是 SPEC CPU2000 测试集中的 7 个程序，实验和评估方法如下。

　　首先根据以前的实验结果，在程序中选择那些适合推测并行的循环。对于这些循环内部的每个条件语句，它在开始的一千次执行中分支概率记为 BI，全部执行后的分支概率记为 BA。使用 Sd. BP 表示 BI 和 BA 之间的标准差。假设循环体中含有 N 个被剖析的条件语句，其中第 i 个分支概率分别用 BI(i) 和 BA(i) 表示。$W(i)$ 记录的是分支 i 的权重，也就是它的总执行次数。在试运行程序得到有关的分支执行次数信息后，按下列公式计算标准差，即

$$\text{Sd. BP} = \sqrt{\dfrac{\sum\limits_{i=1}^{N}\left(\text{BI}(i)-\text{BA}(i)\right)^2 * W(i)}{\sum\limits_{i=1}^{N} W(i)}}$$

图 15-4 显示了 7 个测试程序使用两种边剖析方式的标准差结果，Sd. BP 平均值低于 0.1。但是，对于分支执行概率的具体数值，其实优化方案更关心的是分支的偏向性特点，也就是一个分支是不是总被选择或者很少执行。用分支执行的概率范围来指示这两种极端情况，分别是 [0.8, 1.0] 和 [0, 0.2]。假如 BI 与 BA 显示了不同的分支偏向，也就是说，它们没有落在相同区域中，这种情况称做剖析结果不匹配。关于 7 个测试程序的加权不匹配率也在图 15-4 中提供了，平均不匹配率大约是 7%。这也证明了，在剖析可并行循环的控制流行为时，简短的初始剖析方法和完全剖析方法具有相似的预测效果。

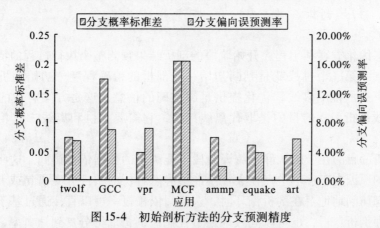

图 15-4　初始剖析方法的分支预测精度

在此也考察了初始剖析在直接预测数据依赖方面的能力。一个依赖冲突候选者使用过去迭代产生值的次数与总执行次数的比率作为它的依赖冲突率。如果依赖冲突率位于区间 [0, 0.3]，那么它是稀疏的，如果位于 [0.3, 1]，那么就认为它是频繁的。以循环的总迭代数作为权重，计算了初始剖析和完全剖析在决定依赖频繁与否时的误匹配率，结果在图 15-5 中提供。平均误匹配率只有 6.7%，这个结果已经足够小。因此可以完全信任初始剖析方式在预测分支偏向和频繁依赖候选者方面的能力。

动态优化方案同时使用了边剖析和依赖剖析获得依赖概率。当依赖近似地

由一个过程内控制流边决定时，边剖析更适合，因为它的执行开销比数据依赖剖析要小得多。边剖析的实现技术（Ball et al.，1996）已经非常成熟，在此就不再赘述了。

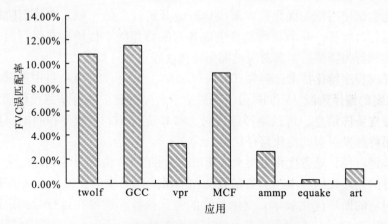

图 15-5　初始剖析方法对 FVC 的误预测率

数据依赖剖析的实现一般基于地址比较，一些执行平台为它提供了有效的硬件支持。从灵活性的角度考虑，选择了基于插桩的软件实现，它类似于（Chen et al.，2004）中使用的工具。两个特殊数据结构被预先定义，VC 表用于记录数据依赖出现的次数，而 shadow memory 用于快速探测对同一地址的连续访问。shadow memory 类似组相联 Cache，它内部的项像 Cache 一样指向一组地址。这些项负责记录最近修改该地址的线程号，线程号通过迭代号对总线程数取模得到。在剖析过程中，一个访存操作以地址作为参数通过哈希定位它的 shadow memory 项。如果它是一个写操作，也就是依赖源，那么它会设置当前项为它的线程号。如果它是一个读操作，也就是一个冲突候选者，那么它会检查对应项，如果已有线程号被填入，说明之前的迭代可能修改了访问地址，因此它会把 VC 表中它的依赖数加 1。在每个迭代开始前，shadow memory 会清空包含当前线程号的项。在剖析结束后，每个 VC 的依赖概率将根据 VC 表中的结果计算得到。

为了降低运行时剖析开销，采用了基于访问取样的优化方式，在静态编译阶段，循环中只有少量的读访问认为是需要剖析的冲突候选者。同时由于在线剖析只在初始阶段执行，减少初始阶段的迭代次数也可以大幅减少剖析开销。

15.2.2　预先优化

在获得了初始剖析的结果后，怎么在运行时使用它们来优化代码是另外一个需要面对的挑战。一个复杂的编译优化过程，即使它能生成最优的代码，通过执行这些代码获得的性能提升，也会被它引入的大量运行时开销轻易地抵消掉。优化过程和它的输出结果两者的总效果甚至可能是负面的，也就是说，程序虽然并行了，速度却反而变慢了。

在此尝试使用预先优化技术解决运行时开销过大的问题。在静态阶段预测可能的运行时特征，并为每种特征生成各自的特化版本代码。在运行时，获得程序的实际行为特征后，其对应的那个特化代码版本将被激发执行。

编译时程序特化技术已经在 Tempo（Consel et al.，2004）项目中被采用。在 C-Mix 方案的编译阶段，不同的分支条件会沿着经过它们的每条路径传播。根据可用的分支条件信息，每条路径的代码会被相应特化。当程序执行时，实际的分支结果将触发对应的特化路径代码。

在编译阶段，动态优化框架会为所有可能的 FVC 集合生成相应的带有不同事务划分的循环代码版本。决策函数会在剖析阶段结束后，根据确认的 FVC 集合选择对应的循环优化版本，交给后续的迭代执行。这种在运行时决定使用哪种划分的方法叫做动态事务划分。接下来首先描述如何为一个单独的 FVC 生成事务划分版本，接下来再介绍如何为一组 FVC 生成划分。

如果循环中只有一个 FVC，那么为它生成对应的划分版本是非常简单的。对于一个冲突候选者，编译阶段可能会执行下列代码变换动作。

R1：完全并行循环，没有显式的有序区域出现，这时依赖冲突应当是稀疏的。

R2：将冲突候选者和迭代内依赖于它的操作移动到有序区域中，假如当前的依赖冲突比较频繁，同时生成的有序区域尺寸没有超过规定的上限。

R3：在其他情况下，放弃推测并行这个循环，直接给它提供原来的串行版本。

为了计算规则 R2 中允许的有序区域上限，使用了一个估计推测并行循环性能收益的近似公式，公式的两个部分分别对应图 15-6 中的线程内不同区域的两种分布，即

$$
\text{speedup} = \begin{cases} \dfrac{lp}{t + e + c + l\alpha}, & t > (p-1)e + pc \\[3mm] \dfrac{l}{e + c + l\alpha}, & t \le (p-1)e + pc \end{cases}
$$

式中，t 为事务区域的执行时间；e 为有序区域的执行时间；l 为单个迭代的串行执行时间；c 为传递提交令牌的通信延迟；p 为最大可并行线程数量；α 为线程重启率或推测失败率。t，e 和 c 这三个参数已经在图 15-6 中标出。

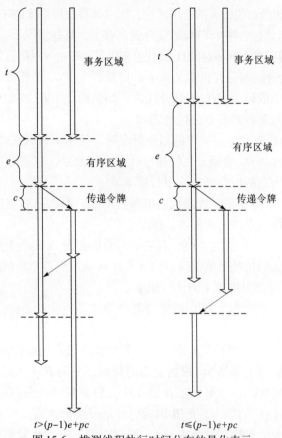

图 15-6　推测线程执行时间分布的量化表示

在当前的设计中，c 可看成程序无关的硬件常数。当循环内只有一个冲突候选者并且它被移入有序区域后，线程重启率 α 等于 0。这样就可以推导出有序区域执行时间 e 的上限等于 $l-c$ 或者 $lp-c-t$。这个结果将被规则 R2 和 R3 使用。如果一个 FVC 引入的有序区域尺寸超过了这个上界，那么剖析阶段之后的迭代将不得不被串行执行。从上面的公式也可以看出更小的有序区域 e 能够承受更大的推测重启率 α，不过由于简化实现，仍然倾向于使用固定的推测线程重启率来判断一个冲突推荐者是频繁的还是稀疏的。

为了形式化多个 FVC 对有序区域尺寸的影响，引入一个参数-划分代价，它等于冲突候选者及其迭代内依赖后继的总执行时间。划分代价计算是流不敏感的，所有可能的依赖后继都被包括进来。这不同于 SPT 方案中计算误预测代价时的复杂方式，因为 SPT 已经通过一次独立的剖析执行得到了迭代内依赖概率，而此方案此时还得不到准确的信息支持。

现在考虑初始剖析给出多个 FVC 的情况。理论上，N 个 FVC 将产生 $2N$ 种组合，每种组合能对应一种划分版本，这会直接导致代码爆炸。不过，事实上并非如此，因为大多数 FVC 组合产生过大的有序区域，所以都将使用原来的串行代码版本。对于实际应用，只考虑包含两个 FVC 的集合就足够了，某些情况下，可以考虑超过 2 的情况。通过计算一个 FVC 组合的划分代价来决定它是否导致串行版本。

一个 FVC 组合的划分代价定义如下：如果两个 FVC 互相依赖，那么它们组合的划分代价等于依赖源 FVC 的划分代价；如果两个 FVC 彼此独立，那么组合的划分代价等于两者各自的划分代价之和。

在为一个 FVC 组合生成对应的划分版本时，使用下列启发式规则。

H1：如果一个 FVC 的划分代价超过有序区域上界，也就是说它导致串行版本，那么所有包含它的组合都对应串行版本。

H2：如果一个 FVC 是一棵迭代内依赖树的根，那么它和它依赖后继的 FVC 组合对应它自己单独出现时的版本。

H3：如果两个 FVC 彼此无关，且它们组合的划分代价小于允许的上界，那么它们和它们可能的依赖后继都可以放入有序区域形成一个新的划分版本。

H4：其他情况都对应原来的串行版本。

默认情况下，超过 2 个 FVC 的组合都会导致串行执行，除了那些使用规则 H2 生成的版本。

图 15-7 提供了一个循环依赖图例子，其中每个节点已经标注它的执行代价。假设允许的有序区域上界是 5，根据上面的规则，只有 FVC 组合 A，C 和 C，D 需要生成新的代码版本。结果列在表 15-1 中，FVC 集合 {A，C} 对应一个有序区域为 {A，C} 的代码版本，而 B 因为它的划分代价太高，所有包含它的 FVC 组合都将对应最大的有序区域版本 {A，B，C，D，E}，也就是串行版本。

表 15-1   FVC 集合与代码版本映射关系

A	B	C	D	代码版本
x	1	x	x	{A, B, C, D, E}
1	0	1	0	{A, C}
0	0	1	1	{D, C}
...	...	...	...	{A, B, C, D, E}

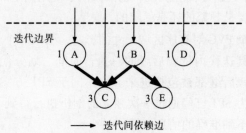

图 15-7   循环依赖图例子

还有一个遗留问题，在监控代码中使用的推测失败率上限应该是多少。对于一个给定的事务划分版本，根据前面的加速比公式，可以推导出推测失败率上限如下

$$Threshold\_\alpha = \begin{cases} 1 - (e + c)/l, & t > (p - 1)e + pc \\ 1 - (e + c + t)/lp, & t \leq (p - 1)e + pc \end{cases}$$

为每个版本计算其可承受的推测失败率上限的工作也在静态编译阶段提前完成。

15.3　优化框架的扩展和限制

为了弥补动态事务划分方法的不足，在动态优化基础框架上还增加了一些额外的优化技术，本节将介绍这些额外优化的目的和实现。对当前框架实现上的局限性进行简要分析。

15.3.1　优化扩展

首先，在基础动态优化框架上加入了软件值预测作为动态事务划分优化的补充。在大部分推测多线程方案中，值预测技术都扮演了非常重要的角色，这一点已经被很多研究工作和本书的实验所证明（Marcuello et al.，1999）。因此，动态优化如果想要达到和静态优化编译相符的效果，就必须考虑如何在框架中集成值预测。

在原有设计中，在静态编译阶段或者初始剖析阶段确认为频繁冲突候选者的一个读访问，由于它需要被移入有序区域，增大的串行区域必然会降低循环的并行度。最坏情况下，过大的有序区域会直接将执行回退到串行方式。如果FVC 使用的数据值是可预测的，那么 FVC 就可以被移入事务区域，推测地使用预测值。这样推测线程在运行时不需要等到上一个线程的有序区域结束，就可以完成 FVC 并继续执行它的依赖后继指令。值预测是推测优化技术中唯一能够克服写后读数据依赖的技术，它能够解决有序区域太大降低并行度的问题，甚至还可以让那些被放弃的循环从串行版本变成推测并行版本。不过，一个 FVC的值是否可以预测，预测模式也就是值的变化模式是什么，这些问题同样不能在静态编译时解决，因此常用的处理方法就是值剖析。在线的值剖析作为值预测技术的一个组件也已经集成到动态优化框架中。

如果一个 FVC 的值可预测，那么它和它的依赖后继在版本生成时都会被移入事务区域。一段根据其变化模式预测当前值并对它进行赋值的代码被插在FVC 的前面，另一段执行预测值验证的比较代码被加入有序区域的开始位置。这个新的代码版本将替换原来的大有序区域版本或者串行版本。

对于前述的例子，加入值预测支持后，新的 FVC－版本映射关系调整为表 15-2。假如 B 在初始剖析阶段确认为 FVC，那么一个额外的值剖析过程将被执行，这相当于初始剖析阶段被延长。当然静态编译能够确认的 FVC 可以直接调用值剖析过程。如果接下来 B 的使用值认为是可以预测的，那么使用预测值的推测并行版本将替代串行版本，在后续的优化执行阶段中被使用。

表 15-2　加入值预测支持后 FVC 集合与代码版本映射关系

A	B	C	D	version
0	1	0	0	profile B
1	0	1	0	{A, E}
0	0	1	1	{D, C}
0	predicable	0	0	predicate B
...	...	...	...	{A, B, C, D, E}

当前的框架已经实现两种值变化模式的识别和应用，它们分别是 lastvalue 方式和 stride 方式。前者的预测值就是上次迭代使用的值，后者则需要加上一个常数。

动态优化框架的另一个扩展是在迭代的执行过程中加入一个新的有序区域，它类似于 SPT 执行模型中的 PRE_FORK 区域。这个优化的使用动机是基于以下观察：对于一个迭代间数据依赖，为了避免冲突，阻塞依赖目的操作直到上一次迭代完成，如移动它到有序区域，其实效果上和阻塞下一迭代的开始直到依赖源操作完成是一样的。SPT 采用了后一种方式，移动依赖源操作到 PRE_FORK 区域。不过，由于一些相关指令也被包含到这种移动当中，它们是依赖目的操作的迭代内依赖后继或者依赖源操作的迭代内依赖前驱。两种方式下移动的指令数可能具有不同的规模，也就导致了不同的串行区域容量增加。串行区域越小，并行性能越好。因此，当一个 FVC 产生了有序区域过大的版本，甚至串行版本时，可以考虑移动它的依赖源。如果依赖源的划分代价足够小，那么将会为它建立 PRE_FORK 区域。

PRE_FORK 区域放置在一个迭代的开始，线程之间按照逻辑序串行执行它。一个迭代的 PRE_FORK 区域必须等到更早迭代的 PRE_FORK 区域已经完成才能开始。在此区域中的写操作不会引起数据依赖冲突。可以看出在新的执行模型下，迭代的一次执行需要同步两次，额外的线程间通信将增加推测多线程执行开销。三区域划分的使用应当谨慎，也就是说能够确定它有明显的性能收获时才可以采用。因此在当前实现中，只考虑那些在静态编译阶段时确定的 FVC 依赖源是否需要建立 PRE_FORK 区域。

15.3.2 优化限制

连续两阶段在线剖析指导的动态优化框架比离线剖析指导静态编译的方式更加灵活，不过，同有合适培训输入集支持的完全离线剖析相比，在线剖析存在一些局限性，因为它并没有实际观测程序的整个生命期。

一个比较严重的问题是在线剖析不能提前获得循环候选者的迭代次数。如果循环在剖析阶段完成之前或者完成之后不久就结束，那么剖析的开销就不能被足够的并行迭代执行所平衡，动态优化的性能收获将变成负的。优化过程的性能收获为负的另一个场景是剖析结果选择了串行版本，完全没有后来优化执行来抵消额外开销。

另外也有一些限制源于设计本身。例如，当决策函数选择了串行版本后，这个版本会一直执行到循环结束，即使后来循环行为特征发生了变化，产生了推测并行的机会。也就是说，串行版本是一个终结版本。这是因为对程序行为的变化只能通过推测线程的重启率来探测。也许相似的监测机制可以加入串行版本执行当中，不过为一个已经放弃的循环候选增加额外开销未必是一种明智的做法。

15.4 性能评测

15.2.1 中的实验已经证明了初始剖析的精度和离线剖析是相近的，现在要评估的是动态优化框架是否能够利用这个可信赖的精度获得性能上的提升。更准确地说，是想判断在推测多线程优化时，动态优化框架是不是具有和静态方式相符的能力。

再次使用了 SPEC CPU2000 中的 7 个程序，测试平台是 Sim-SPoTM 模拟环境。因为开发自动工具的代价太大，暂时还是采用手工变换代码的方法。剖析工作由事先开发的剖析库函数执行。潜在的冲突候选者信息先通过编译器的分析得到，然后在源码级别上进行循环体的多版本变换。因为最优事务划分是本方案和 SPT 方案共同的优化目标，而 SPT 只支持两线程并行，为了与它在同一条件下比较，也只提供了两线程并行的结果。不过，SPoTM 实现能支持任意数目的线程，这一点已经在前几章中说明过了。

动态优化的一个目的是在运行时确定那些适合推测并行的循环，首先检查方案发掘这些循环的能力。图 15-8 给出了动态优化方法得到的并行循环覆盖率。可以看出，动态优化方法能够并行的循环占到了浮点程序执行时间的 70%。对于整数程序，vpr 和 MCF 也给出了 60% 以上的覆盖率，虽然 GCC 和 twolf 的结果下降很多，但是同 SPT 的结果相比，它们并没有看上去那么糟糕。

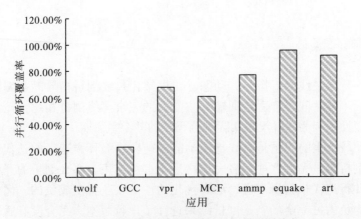

图 15-8　动态优化方法得到的并行循环覆盖率

图 15-9 显示了动态划分优化在不同循环上的事务划分的平均结果，而图 15-10 则给出了事务划分和值预测两种优化在降低推测线程重启率方面的效果。对于 3 个较容易并行的浮点程序，串行区域只占整个循环体的 1.07%，提供了 0.1% 的重启率。对于整数程序，MCF 拥有最大的串行区域，它的线程重启率是 0.35%。twolf 并行化后重启较为频繁，不过实际的数值还是比较小的。这足以证明，动态优化框架在以较小的并行度损失换取推测线程性能的改善方面，是能够胜任的。有一点需要说明的是，这里提到的串行区域已经包含了扩展方案中的 PRE_FORK 区域，vpr 通过三区域划分优化明显降低了推测失败率。另外，浮点程序并没有使用值预测。

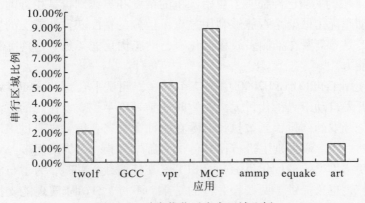

图 15-9　动态优化后有序区域比例

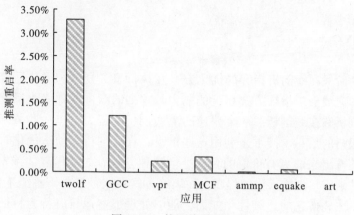

图 15-10　推测线程重启率

最后，图 15-11 通过并行执行后的加速比展示了动态优化方案在提升程序执行性能方面的能力。对于所有的浮点程序和两个串行程序，可以观察到明显的性能提升，这说明优化执行阶段的收益已经消除了剖析阶段的负面影响。但是对于剩下的两个程序，尤其是 twolf，性能还略有下降。通过分析发现很多循环不具备足够的迭代次数。这种不利循环增加了剖析开销，却不能通过后续执行的收益抵消损失，导致整个效果变得很差。动态优化方法在确认这些不利循环时付出了大量开销，而离线方式不会这样，因为它已经把这个开销转嫁到了编译阶段。因此对于一个拥有优良培训输入集的程序，不能指望在线剖析指导的优化结果能超越那些来自于离线剖析的结果。这种情况下，动态优化方法应该作为离线优化方法的一个补充。不过如果硬件能够提供足够的支持来降低运行时开销，动态优化方法应该还是大有用武之地的。

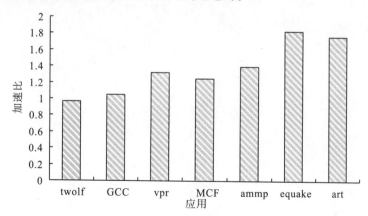

图 15-11　动态优化下的推测执行加速比

15.5　小结

连续两阶段在线剖析指导的优化方案在执行事务划分和确认适合并行循环时，具有和离线剖析指导方式相近的能力。本书的渐进软件优化系统合理地结合了离线剖析和在线剖析。一个快速的离线剖析过程先给出一些关于程序行为的全局的粗略的信息。接下来利用这些信息，在线剖析和动态优化时可以把精力集中到筛选出来的更有价值的目标上。这种方法有如下优点：首先，它能够适用于那些缺乏培训输入集的程序，而离线方式在这种条件下不能工作；其次，动态优化方法凭借它的连续优化能力，能够处理那些运行时行为特征阶段性变化的应用。

参 考 文 献

陈嘉. 2006. 一种基于事务存储模型多核结构上的编程模型设计和实现[D]. 合肥：中国科学技术大学.

郭锐. 2009. 支持推测并行化的可扩展事务存储体系结构设计与性能评价[D]. 合肥：中国科学技术大学.

何裕南. 2006. 一个支持事务存储的多核处理器结构设计[D]. 合肥：中国科学技术大学.

梁博. 2007. 多核结构上的线程级推测关键技术研究[D]. 合肥：中国科学技术大学.

刘圆. 2007. 多核结构上高效的线程级推测及事务执行模型研究[D]. 合肥：中国科学技术大学.

王耀彬. 2010. 支持推测并行化的多核事务存储体系结构性能优化[D]. 合肥：中国科学技术大学.

Akkary H, Driscoll M A. 1998. A dynamic multithreading processor[C]//Proceedings of the 31st Annual International Symposium on Microarchitecture(MICRO' 98): 226-236.

Ananian C S, Asanovic K, Kuszmaul B C, et al. 2005. Unbounded transactional memory[C]//Proceedings of the 11th International Symposium on High-Performance Computer Architecture: 316-327.

Asanovic K, Bodik R, Catanzaro B C, et al. 2006. The landscape of parallel computing research: a view from berkeley[R]. Technical Report No. UCB/EECS-2006-183.

Austin T, Larson E, Ernst D. 2002. SimpleScalar: an infrastructure system modeling[J]. IEEE Computer, 35 (2): 59-67.

Ball T, Larus J R. 1996. Efficient path profiling[C]//Proceeding of the 29th Annual IEEE/ACM International Symposium on Microarchitecture. IEEE Computer Society: 46-57.

Barroso A, Gharachorlook., McNamara, R., et al. 2000. Piranha: a scalable architecture based on single-chip multiprocessing[C]//Proceedings of the 27th Annual International Symposium on Computer Architecture: 282-293.

Blundell C, Devietti J, Lewis E C, et al. 2007. Making the fast case common and the uncommon case simple in unbounded transactional memory[C]//Proceedings of the 34th Annual International Symposium on Computer Architecture, 35(2): 24-34.

Bobba J, Goyal N, Hill M, et al. 2008. TokenTM: efficient execution of large transactions with hardware transactional memory [C]//Proceedings of 35th International Symposium on Computer Architecture, 36 (3): 127-138.

Calder B, Feller P, Eustace A. 1997. Value profiling[C]//Proceedings of the 30th Annual IEEE/ACM International Symposium on Microarchitecture: 259-269.

Ceze L, Tuck J, Torrellas J, et al. 2006. Bulk disambiguation of speculative threads in multiprocessors[C]//Proceedings of the 33rd annual international symposium on Computer Architecture, 34(2): 227-238.

Chang F W, Gibson G A. 1999. Automatic i/o hint generation through speculative execution[C]//Proceedings of the Symposium on Operating Systems Design and Implementation: 1-14.

Chen M, Olukotun K. 2003. The JRPM system for dynamically parallelizing Java programs[C]//Proceedings of the 30th Annual Symposium on Computer Architecture: 434-445.

Chen T, Lin J, Dai X, et al. 2004. Data dependence profiling for speculative optimization[C]//Proceedings of the 13th International Conference on Compiler Construction(CC): 57-72.

Chuang W, Narayanasamy S, Venkate sh G, et al. 2006. Unbounded page-based transactional memory [C]// Proceedings of the Twelfth International Conference on Architectural Support for Programming Languages and Operating Systems, 41(11): 347-358.

Cintra M, Llanos D R. 2003. Toward efficient and robust software speculative parallelization on multiprocessors

[C]//Proceedings of the ninth ACM SIGPLAN symposium on Principles and practice of parallel programming (PPoPP' 03), 38(10): 13-24.

Clabes J, Friedrich J, Sweet M, et al. 2004. Design and implementation of the power5 microprocessor[C]. In ISS-CC Digest of Technical Papers: 670-672.

Codrescu L, Wills D S. 1999. Architecture of the atlas chip-multiprocessor: dynamically parallelizing irregular applications[C]//Proceedings of the 1999 International Conference on Computer Design (ICCD' 99): 428-435.

Collins J D, Wang H, Tullsen D M, et al. 2001. Speculative precomputation: long-range prefetching of delinquent loads[C]//ACM SIGARCH Computer Architecture News, 29(2): 14-25.

Consel C, Lawall J L, Meur A. 2004. A tour of tempo: a program specializer for the C language[J]. Sci. Comput. Programm. 52, 1-3: 341-370.

Damron P, Fedorova A, Lev Y, et al. 2006. Hybrid transactional memory[C]//Proceedings of the 12th international conference on Architectural support for programming languages and operating systems, 41 (11): 336-346.

Diefendorff K. 1999. Power4 focuses on memory bandwidth[J]. Microprocessor Report, 13(13): 11-18.

Ding C, Shen X P, Kelsey K, et al. 2007. Software behavior oriented parallelization[C]//Proceedings of the 2007 PLDI conference, 42(6)223-234.

Du Z H, Lim C C, Li X F, et al. 2004. A cost-driven compilation framework for speculative parallelizing sequential program[C]//Proceedings of ACM Conference on Programming Languages, Design, and Implementation 39 (6)72-81.

Eggers S, Emer J, Levy H, et al. 1997. Simultaneous multithreading: a platform for next-generation processors [J]. IEEE Micro, 17(5): 12-19.

Fisher J A, Freudenberger S M. 1992. Predicating conditional branch directions from previous runs of a program [C]//Proceedings of the 5th International Conference on Architecture Support for Programming Languages and Operating System: 85-95.

Fraser K. 2004. Practical look-freedom[D]. King's College, University of Cambridge.

Grohoski G. 1998. Reining in complexity[J]. IEEE Computer Magazine, 31(1): 41-42.

Gupta R, Mehofer E, Zhang Y. 2002. Profile guided compiler optimizations[M]. The Compiler Design Handbook: Optimizations & Machine Code Generation, Auerbach Publications.

Gonzalez R E. 1997. Low-power processor design[R]. Technical Report: CSL-TR-97-726.

Hamilton S. 1999. Taking moore's law into the next century[J]. IEEE Computer Magazine, 31(1): 43-48.

Hammond L, Carlstrom B D, Wong V, et al. 2004. Programming with transactional coherence and consistency (TCC)[C], ASPLOS04, 38(5): 1-13.

Hammond L, Carlstrom B D, Wong V, et al. 2004. Transactional coherence and consistency: simplifying parallel hardware and software[J]. Micro's Top Picks, IEEE Micro, 24(6): 92-103.

Hammond L, Hubbert B, Siu M, et al. 2000. The stanford hydra CMP[J]. IEEE Micro, 20(2): 71-84.

Hammond L, Willey M, Olukotun K. 1998. Data speculation support for a chip multiprocessor[C]. ASPLOS-VIII (5): 32-33.

Hammond L, Wong V, Chen M, 2004. Transactional memory coherence and consistency[C]//Proceedings. 31st Annual International Symposium: 102-113.

Harris T, Fraser K. 2003. Language support for lightweight transactions[C]//ACM SIGPLAN Notices. ACM, 38 (11): 388-402.

Harris T, Marlow S, Peyton-Jones S, et al. 2005. Composable memory transactions[C]//Proceedings of the 10th ACM SIGPLAN symposium on Principles and practice of parallel programming. ACM: 48-60.

Hennessy J L, Patterson D A. 2003. Computer architecture: a quantitative approach[M]. 3rd ed. San Framcisco, Morgan Kaufmann Publishers, Inc.

Herlihy M, Eliot J, Moss B. 1992. Transactional memory: architectural support for lock-free data structures[R]. Technical Report, Digital Cambridge Research Lab, Cambridge, Massachusetts.

Herlihy M, Luchangco V, Moir M, et al. 2003. Software transactional memory for dynamic-sized data structures [C]//Proceedings of the 22nd Annual ACM Symposium on Principles of Distributed Computing.

Herlihy M, Moss B. 1993. Transactional memory: architectural support for lock-free data structures[C]//Proceedings of the 20th Annual International Symposium on Computer Architecture: 289-300.

Ho R, Mai K, Horowitz M. 2001. The future of wires[C]//Proceeding IEEE: 490-504.

Hu S, Bhargava R, Kurian L J, 2003. The role of return value prediction in exploiting speculative method-level parallelism[J]. Journal of Instruction-Level Parallelism, 5(1): 1-21.

Huang J, Lilja D J. 1998. An efficient strategy for developing a simulator for a novel concurrent multithreaded processor architecture[C]//Proceedings of the 6th International Symposium on Modeling, Analysis, and Simulation of Computer and Telecommunication Systems: 185-191.

Intel Corporation. 2002. Intel itanium 2 processor reference manual for software development and optimization[R].

Johnson T A, Eigenmann R, Vijaykumar T N. 2007. Speculative thread decomposition through empirical optimization[C]//Proceedings of the thirteenth ACM SIGPLAN symposium on Principles and practice of parallel programming(PPoPP' 07): 205-214.

Kejariwal A, Tian X M, Li W, et al. 2006. On the performance potential of different types of speculative thread-level parallelism[C]//Proceedings of the 20th annual international conference on Supercomputing: 24-37.

Kistler T, Franz M. 2003. Continuous program optimization: a case study[J]. ACM Trans. on Programming. Languages and Systems, 25(4): 500-548.

Kozyrakis C, Patterson D. 1998. A new direction for computer architecture research[J]. IEEE Computer Magazine, 31 (11): 24-32.

Krintz C. 2003. Profile-based optimizations: coupling on-line and off-line profile information to improve program performance[C]//Proceedings of the International Symposium on Code Generation and Optimization: 69-78.

Krishnan V, Torrellas J. 1997. Efficient use of processing transistors for larger on-chip storage: multithreading[C]. Workshop on Mixing Logic and DRAM: Chips that Compute and Remember: 105-116.

Krishnan V, Torrellas J. 1998. Hardware and software support for speculative execution of sequential binaries on a chip-multiprocessor[C]. International Conference on Supercomputing(ICS): 85-92.

Krishnan V, Torrellas J. 1999. A chip multiprocessor architecture with speculative multithreading[J]. IEEE Transactions on Computers, Special Issue on Multithreaded Architecture, 48(9): 866-880.

Kumar S, Chu M, Hughes C J, et al. 2006. Hybrid transactional memory[C]//Proceedings of the twelfth ACM SIGPLAN symposium on Principles and practice of parallel programming(PPoPP' 06)41(11): 336-346.

Lam M, Robert P. W., Samanp. A., et al. 1994. The SUIF1 compiler infrastructure [EB]. http: //suif. stanford. edu.

Lev Y, Moir M, Nussbaum D. 2007. PhTM: phased transactional memory[C]//Proceedings of the Second ACM SIGPLAN Workshop on Languages, Compilers, and Hardware Support for Transactional Computing.

Lev Y, Moir M. 2008. Split hardware transactions: true nesting of transactions using best-effort hardware transactional memory[C]//Proceedings of 13th ACM SIGPLAN Symposium on Principles and practice of parallel programming: 197-206.

Li X F, Du Z H, Yang C, et al. 2004. Speculative parallel threading architecture and compilation[C] //Proceedings of the 9th Asia-Pacific Computer Systems Architecture Conference: 285-294.

Li X F, Yang C, Du Z H, · et al. 2005. Exploiting thread-level speculative parallelism with software value prediction [C] //Proceedings of the Tenth Asia-Pacific Computer Systems Architecture Conference: 367-388.

Li Z, Ravi I, Srihari M, et al. 2007. Performance, area and bandwidth implications on large-scale CMP Cache design[C].//Proceedings of the Workshop on Chip-Multiprocessor Memory Systems and Interconnects (CMP-MSI) held along with International Symposium on High-Performance Computer Architecture(HPCA-13), Phoenix, Arizona.

Lie S. 2004. Hardware support for unbounded transactional memory[D]. Masters Thesis, Massachusetts Institute of Technology.

Liu W, Tuck J, Ceze L, et al. 2006. POSH: a TLS compiler that exploits program structure[C]//Proceedings of thirteenth ACM SIGPLAN symposium on Principles and practice of parallel programming: 158-167.

Luk C, Cohn R, Muth R, et. al. 2005. Pin: building customized program analysis tools with dynamic instrumentation[C]//Proceedings of the ACM SIGPLAN Conference on Programming Language Design and Implementation, 40(6): 190-200.

Lupon M, Magklis G, Gonzalez A. 2009. FASTM: a log-based hardware transactional memory with fast abort recovery[C]//Proceedings of 18th International Conference on Parallel Architectures and Compilation Techniques(PACT): 293-302.

Marathe V J, Scott M L. 2004. A qualitative survey of modern software transactional memory systems[R]. Technical Report TR 839, Department of Computer Science, University of Rochester.

Marcuello P, González A. 1999. Clustered speculative multithreaded processors[C]//Proceedings of the 1999 International Conference on Supercomputing(ICS' 99): 365-372.

Marcuello P, Gonzalez A. 2002. Thread spawning schemes for speculative multithreaded architecture[C]//Proceedings of the 8th International Symposium on High-Performance Computer Architecture: 55-64.

Marr D T, Binns F, Hill D L, et al. 2002. Hyper-threading technology architecture and microarchitecture[J]. Intel Technology Journal, 6(1): 1-12.

Martin M M K, Sorin D J, Beckmann B M, et al. 2005. Multifacet's general execution-driven multiprocessor simulator(GEMS)Toolset[EB]. Computer Architecture News(CAN).

Martínez J F, Torrellas J. 2002. Speculative synchronization: applying thread-level speculation to explicitly parallel applications[C] //Proceedings of the 10th International Conference on Architectural Support for Programming Languages and Operating Systems(ASPLOS), 36(5): 18-29.

McDonald A, Chung J W, Chafi H, et al. 2005. Characterization of TCC on chip-multiprocessors[C]. The Fourteenth International Conference on Parallel Architectures and Compilation Techniques: 63-74.

Mendelson A, Mandelblat J, Gochman S, et al. 2006. CMP implementation in systems based on the Intel core duo processor[J]. Intel Technology Journal, 10(02): 99-108.

Microbench website www. cs. utexas. edu/cart/code/microbench. tgz.

Moore K, Bobba J, Moravan M J, et al. 2006. LogTM: log-based transactional memory[C]. In the Twelfth International Symposium on High-Performance Computer Architecture: 254-265.

Mudge T. 2001. Power: a first-class architectural design constraint[C]//Proceeding of the 7th International Conference on High Performance Computing: 52-58.

Nathan L B, Erik G H, Steven K R. 2003. Network-oriented full-system simulation using M5[C]. In the sixth workshop on Computer Architecture Evaluation using Commercial Workloads: 36-43.

Nayfeh B A, Hammond L, Olukotun K. 1996. Evaluation of design alternatives for a multiprocessor microprocessor [C]//Proceedings of the 23rd International Symposium on Computer Architecture: 67.

Ohsawa T, Takagi M, Kawahara S, et al. 2005. Pinot: speculative multithreading processor architecture exploiting parallelism over a wide range of granularities[C]//Proceedings of the 38th annual IEEE/ACM International Symposium on Microarchitecture: 81-92.

Olukotun K, Hammond L, Willey M. 1999. Improving the performance of speculatively parallel applications on the hydra CMP [C]//Proceedings of the 1999 ACM International Conference on Supercomputing, Rhodes, Greece: 21-30.

Olukotun K, Hammond L. 2005. The future of microprocessors[J]. QUEUE: 27-34.

Olukotun K, Nayfeh B A, Hammond L, et al. 1996. The case for a single-chip multiprocessor[C]//Proceedings of the Seventh international Conference on Architectural Support for Programming Languages and Operating Systems(ASPLOS' 96): 2-11.

Ooi C L, Kim S W, Park I, et al. 2001. Multiplex: unifying conventional and speculative thread-level paralleli on a chip multiprocessor [C]//Proceedings of the 15th international conference on supercomputing. ACM: 368: 380.

Oplinger J T, Heine D L, Lam M S, et al. 1999. In search of speculative thread-level parallelism[C]. Working Conference on Parallel Architectures and Compilation Techniques: 303-313.

Ortego P M, Sack P. 2005. SESC: SuperESCalar simulator[EB]. http: //sesc. sourceforge. net.

Park I, FalsafiB, Vijaykumar T N. 2003. Implicitly-multithreaded processor[C]//Computer Architecture, Proceedings 30th Annual International Symposium on IEEE: 39-50.

Part Y N, Patel S J, Evers M, et al. 1997. One billion transistors, one uniprocessor[J]. One Chip. IEEE Computer, 30(9): 51-57.

Prabhu M K. 2005. Parallel programming using thread-level speculation[D]. Doctoral dissertation: Stanford University.

Pugh W. 1992. A practiacal algorithm for exact array dependence analysis[J]. Communciation of the ACM, 35(8): 102-114.

Quinones C G, Madriles C. 2005. Mitosis compiler: an Infrastructure for speculative threading based on pre-computation slices[C]//Proceedings of the 2005 ACM SIGPLAN Conference on Programming Language Design and Implementation, 40(6): 269-279.

Qplinger JT, Heine D L, Lam M S. 1999. In search of speculative thread-level parallelism[C]//Proccedings of PACT 1999: 303-313.

Rajwar R, Bernstein P A. 2003. Atomic transactional execution in hardware: a new high-performance abstraction for databases[C] //Proceedings of the 10th International Workshop on High Performance Transaction Systems, 2 (2).

Rajwar R, Goodman J R. 2002. Transactional lock-free execution of lock-based programs[C]//Proceedings of the Tenth Symposium on Architectural Support for Programming Languages and Operating Systems: 5-17.

Rajwar R, Goodman J R. 2003. Transactional execution: toward reliable, high-performance multithreading[J]. IEEE Micro, 23(6): 117-125.

Rajwar R, Herlihy M, Lai K. 2005. Virtualizing transactional memory[C]//Proceedings of the 32nd Annual International Symposium on Computer Architecture: 494-505.

Rauchwerger L, Padua D A. 1995. The lrpd test: speculative run-time arallelization of loops with privatization and reduction parallelization[C]//Proceedings of the SIGPLAN 1995 Conference on Programming Language Design and Implementation(PLDI' 95): 218-232.

Renau J, Strauss K, Ceze L, et al. 2005. Thread-level speculation on a CMP can be energy efficient[C] //Proceedings of the 19th annual international conference on Supercomputing: 219-228.

Rotenberg E, Jacobson Q. 1997. Trace processors[C]//Proceedings of the 30th Annual International Symposium on Microarchitecture(MICRO' 97): 138-148.

Saha B, Adl-Tabatabai A R, Hudson R L, et al. 2006. McRT-STM: a high performance software transactional memory system for a multi-core runtime[C]//Proceedings of the thirteenth ACM SIGPLAN symposium on Principles and practice of parallel programming(PPoPP' 06): 187-197.

Sarkar V, Hennessy J. 1986. Partitioning parallel programs for macro-dataflow[C] //Conference Proceeedings of the 1986 ACM Conference on Lisp and Functional Programming: 192-201.

Sazeides Y, Smith J E. 1997. The predictability of data values[C]//Proceeding of the 30th Annual IEEE/ACM International Symposium on Microarchitecture: 248-258.

Shavit N, Touitou D. 1995. Software transactional memory[C]//Proceedings of the 14th Annual ACM Symposium on Principles of Distributed Computing, 10(2): 99-116.

Sherwood T, Sair S, Calder B. 2003. Phase tracking and prediction[C]//Proceeding of 30th Annual International Symposium on Computer Archticture, 31(2): 336-349.

Shriraman A, Dwarkadas S, Scott M L, et al. 2008. Flexible decoupled transactional memory support[C]//Proceedings of the 35th Intl Symp on Computer Architecture, 36(3): 139-150.

Sohi G S, Breach S E, Vijaykumar T N. 1995. Multiscalar processors[C]//Proceedings of the 22nd Annual International Symposium on Computer Architecture(ISCA' 95): 414-425.

Steffan J G, Colohan C B, Mowry T C. 1997. Architectural support for thread-level data speculation[R]. Technical Report CMU-CS-97-188, School of Computer Science, Carnegie Mellon University.

Steffan J G, Colohan C B, Zhai A, et al. 2002. Improving value communication for thread-level speculation[C]. High-Performance Computer Architecture, Proceedings. Eighth International Symposium: 65-75.

Steffan J G, Colohan C B, Zhai A, et al. 2000. A scalable approach to thread-level speculation[C]//Proceedings of the 27th Annual International Symposium on Computer Architecture: 1-12.

Steffan J G, Colohan C B, Zhai A, et al. 2005. The STAMPede approach to thread-level speculation[J]. ACM Transactions on Computer Systems, 23(3): 253-300.

Steffan J G, Mowry T C. 1997. The potential for thread-level data speculation in tightly-coupled multiprocessors [R]. Technical Report CSRI-TR-350, Computer Science Research Institute, University of Toronto.

Swift M M, Volos H, Goyal N, et al. 2008. OS support for virtualizing hardware transactional memory[C]//Proceedings of the 3rd ACM SIGPLAN Workshop on Transactional Computing.

Tremblay M, Jacobson Q, Chaudhry S. 2003. Selectively monitoring stores to support transactional program execution[R]. US Patent Application 20040187115.

Tremblay M. 1999. Majc: microprocessor architecture for java computing[C]//Proceedings of HotChips' 99.

Triolet R, Irigoin F, Feautrier P. 1986. Direct parallelization of call statements[C]//Proceedings of the SIGPLAN' 86 Symposium on Compiler Construction, 21(7): 176-185.

Tsai J Y, Yew P C. 1996. The superthreaded architecture: Thread pipelining with run-time data dependence checking and control speculation[C]//Proceedings of the 1996 Conference on Parallel Architectures and Compilation techniques(PACT' 96): 35-46.

Tullsen D M, Eggers S J, Levy H M. 1995. Simultaneous multithreading: maximizing on-chip parallelism[C]//

Proceedings of The 22nd Annual International Symposium on Computer Architecture, 23(2): 392-403.

Von Praun C, Ceze L, Cascaval C. 2007. Implicit parallelism with ordered transactions[C]//Proceedings of the ACM SIGPLAN Symposium on Principles Practice of Parallel Programming: 79-89.

Welc A, Jagannathan S, Hosking A L. 2005. Safe futures for java[C]//Proceedings of OOPSLA, 40 (10): 439-453.

Wu Y, Breternitz M, Quek J, et al. 2004. The accuracy of Initial prediction in two-phase dynamic binary translators[C]//Proceedings of CGO' 04: 227-238.

Yen L, Bobba J, Marty M R, et al. 2007. LogTM-SE: decoupling hardware transactional memory from Caches [C]//High Performance Computer Architecture, 2007. HPCA 2007. IEEE 13th International Symposium on: 261-272.

Zilles C. 2002. Mester/slave speculative pavallelization and approximate code[D]. University of Misconsin-Madison.

Zhai A, Colohan C B, Steffan J G, et al. 2002. Compiler optimization of memory-resident value communication between speculative threads[C]//Proceedings of the Tenth International Conference on Architectural Support for Programming Languages and Operating Systems(ASPLOS-X), San Jose, CA, USA: 39.